"行业消防安全检查"
系列丛书

"九小场所"与物业服务企业 消防安全检查

王献忠◎主编

代文亮　薛大林◎副主编

吉林出版集团股份有限公司
全国百佳图书出版单位

图书在版编目（ＣＩＰ）数据

"九小场所"与物业服务企业消防安全检查 / 王献忠主编；代文亮，薛大林副主编. -- 长春：吉林出版集团股份有限公司，2024.5

（"行业消防安全检查"系列丛书）

ISBN 978-7-5731-4967-1

Ⅰ.①九… Ⅱ.①王… ②代… ③薛… Ⅲ.①物业管理－消防管理 Ⅳ.①TU998.1

中国国家版本馆CIP数据核字（2024）第097120号

"JIU XIAO CHANGSUO" YU WUYE FUWU QIYE XIAOFANG ANQUAN JIANCHA

"九小场所"与物业服务企业消防安全检查

主　　编	王献忠	
副 主 编	代文亮　薛大林	
责任编辑	王丽媛	
装帧设计	清　风	

出　　版	吉林出版集团股份有限公司	
发　　行	吉林出版集团社科图书有限公司	
地　　址	吉林省长春市南关区福祉大路5788号　邮编：130118	
印　　刷	吉林省吉美印刷有限责任公司	
电　　话	0431-81629711（总编办）	
抖 音 号	吉林出版集团社科图书有限公司　37009026326	

开　　本	710 mm×1000 mm　1 / 16	
印　　张	11.25	
字　　数	200千字	
版　　次	2024 年 5 月第 1 版	
印　　次	2024 年 5 月第 1 次印刷	

书　　号	ISBN 978-7-5731-4967-1	
定　　价	68.00 元	

如有印装质量问题，请与市场营销中心联系调换。0431-81629729

"行业消防安全检查"系列丛书
编委会名单

主　编　王献忠

副主编　代文亮　薛大林

成　员　刘　磊　刘兴北　谢慧琳

　　　　　瞿婷婷　高卓博　吕星昱

　　　　　吴　菲　赵　博　孙忠昱

　　　　　许笑铭

序　言

　　为进一步加强行业部门的消防安全管理工作，依据《中华人民共和国消防法》《吉林省消防条例》《消防安全责任制实施办法》和有关部门规章等法律法规、文件政策和技术标准，吉林省消防救援委员会办公室组织编写了"行业消防安全检查"系列丛书（以下简称"本丛书"）。本丛书分析了典型场所的突出火灾风险，整理和归纳了行业部门实施行业监管，社会单位开展防火检查巡查的步骤、方法和重点检查内容，旨在推动行业部门消防安全监管能力和社会单位自主管理能力实现有效提升。

　　本丛书所列内容仅作日常工作参考，其他未尽事项以相关法律法规的规定和技术规范的要求为准。

CONTENTS **目 录**

附　　录

第一部分
"九小场所"消防安全检查

第一章 "九小场所"主要火灾风险

"九小场所"是小学校或幼儿园、小医院、小商店、小餐饮场所、小旅馆、小歌舞娱乐场所、小网吧、小美容洗浴场所、小生产加工企业的总称。其主要火灾风险如下：

一、明火源风险

1.违规吸烟，随意丢弃未熄灭的烟头。

2.违规使用明火、点蜡、焚香。

3.违规进行电焊、气焊、切割等明火施工作业。

4.厨房操作不当，动火期间人员离开。

二、电气火灾风险

1.电气线路敷设不符合要求，电气线路老化、绝缘层破损、线路受潮、水浸；电气线路存在漏电、短路、超负荷等问题；电气线路敷设在可燃材料上，排插座半米之内有可燃物，长时间使用导致接头不牢固，插座老化或者串接、超负荷使用亦容易造成风险。

2.空调、冷柜、"小太阳"、挂烫机、电暖器等大功率用电设备选用或购买不符合国家标准，或其电气线路安装敷设不符合要求，外部电源线采用移动式插座连接；线路实际荷载超过额定荷载；应急电源运行异常或无法实现切换，蓄电池超期使用、容量不足，采用易燃材料作为保温装饰材料，电气线路直接敷设或穿越保温材料。

3.除冰箱、冷柜等必须持续通电外其他的电气设备，其他用电设备未在营业结束闭店时采取断电措施。手机、充电宝等电子设备长时间充电或边充电、边使用的行为。

4. 配电箱（柜）、弱电井、强电井内强电与弱电线路交织一起，堆放易燃可燃杂物。

5. 在室内为电动车或其蓄电池充电，从室内拉"飞线"充电，将带有蓄电池的电动车停放在建筑内；使用不匹配或质量不合格的充电器为电动车或其蓄电池充电。

三、用油、用气风险

1. 违规、超量存放液化石油气罐及油料等易燃、可燃材料。

2. 液化石油气设在地下室、半地下室或通风不良的场地。

3. 气瓶间未设置可燃气体浓度报警装置，未使用防爆型电器设备，开关安装在室内。

4. 擅自更改燃气管道线路，燃气用具的安装使用及其管路敷设、维护保养和检测不符合要求；燃气软管与灶具及供气管连接处未使用卡箍固定，非金属软管靠近明火或高温区域。

5. 燃气管线、连接软管、控制阀门、灶具等厨房燃气设备老化、生锈、超出使用年限、未定期检测维护。

6. 厨房油烟道、烤炉内油渍堆积过多、灰尘附着清洗不干净，长时间高负荷使用，设备老化快且易发生电气故障，遇有做饭明火或高温烟气易引发火灾。

7. 违规使用醇基燃料。

四、可燃物风险

1. 违规采用聚氨酯、聚苯乙烯、海绵、毛毯、木板等易燃可燃材料装饰装修。

2. 建筑内外及屋面违规搭建易燃可燃夹芯材料彩钢板房。

3. 大量易燃可燃货物随意堆放，违规存放大于60度酒精且超出1吨等易燃易爆物品。

4. 建筑外墙外保温材料的燃烧性能不符合要求，外保温材料防护层脱落、破损、开裂，致使外墙外保温系统防火性能失效。

五、其他风险

1. 违规设置员工宿舍，违规增设夹层、隔间作为人员休息区，或是在居住等民用建筑内从事生产、储存、经营等活动，而住宿部分与其他部分未按规定采取必要的防火分隔和设置消防设施。

2. 空气清新剂、杀虫剂等小型高压储罐储存不当，在高温作用下易发生爆炸。

3. 店铺装修改造拆除室内消火栓、洒水喷涂、火灾报警探测器等，影响消防设施的防灭火功能。

4. 疏散走道、安全出口违规堵塞、占用、封闭，影响人员疏散。

第二章 "九小场所"消防安全检查要点

第一节 消防安全管理检查要点

一、消防安全制度内容

1. 消防安全教育、培训。

2. 防火巡查、检查；安全疏散设施管理。

3. 消防设施、器材维护管理。

4. 用火、用电安全管理。

5. 灭火和应急疏散预案演练。

6. 其他必要的消防安全内容。

二、多产权单位管理

1. 沿街门店应明确多产权、多使用单位或者承包、租赁、委托经营单位消防安全责任。

2. 消防车通道、涉及公共消防安全的疏散设施和其他建筑消防设施应当由产权单位或者委托管理的单位统一管理。

3. 在与商户或业主签订相关租赁或者承包合同时，应在合同内明确各方的消防安全职责。

三、防火巡查检查

翻阅《防火检查记录》，查看是否至少每个月进行一次防火检查，防火检查的内容应当包括：

1. 火灾隐患的整改情况以及防范措施的落实情况。

2. 安全疏散通道、疏散指示标志、应急照明和安全出口情况。

3. 消防车通道、消防水源情况。

4. 灭火器材配置及有效情况。

5. 用火、用电有无违章情况。

6. 重点工种人员以及其他员工消防知识的掌握情况。

7. 消防安全重点部位的管理情况。

8. 易燃易爆危险物品和场所防火防爆措施的落实情况以及其他重要物资的防火安全情况。

9. 消防（控制室）值班情况和设施运行、记录情况。

10. 防火巡查情况。

11. 《防火检查记录》中，检查人员和被检查部门负责人是否分别在记录上签名，并通过核对笔迹的方式确定签字的真实性。

12. 其他需要检查的内容。

四、消防安全培训教育

1. 单位对新上岗和进入新岗位的员工应进行岗前消防安全培训。

2. 培训内容应以教会员工电气等火灾风险及防范常识，灭火器和消火栓的使用方法，防毒防烟面具的佩戴，人员疏散逃生知识等为主。

3. 查看员工消防安全培训记录、培训照片等资料是否真实，是否记明培训的时间、参加人员、内容，参训人员是否签字，随机抽查单位员工消防安全"四个能力"（即检查消除火灾隐患能力、组织扑救初起火灾能力、组织人员疏散逃生能力、消防宣传教育培训能力）掌握情况。

五、灭火和应急疏散预案及演练

1. 应至少每年组织一次全员参与的灭火和应急疏散演练。

2. 翻阅演练记录、照片等材料，查看演练的时间、地点、内容、参加人员是否属实，是否全员参与、是否按照预案内容进行模拟演练，并随机询问员工是否熟知本岗位职责、应急处置程序等情况。

六、建筑消防设施年度检测报告

设有建筑消防设施的，应由具有检测资质的消防技术服务机构每年进行一次对建筑消防设施的全面检测，并出具检测合格报告。

第二节　场所现场检查要点

一、防火分隔

1. 设置在住宅楼内的，与住宅部分是否采用耐火极限不低于2.0h且无门、窗、洞口的防火隔墙和2.0h的不燃性楼板完全分隔，安全出口和疏散楼梯是否独立设置。

2. 住宿与生产储存经营合用场所（简称三合一场所）的设置是否合理，住宿与非住宿部分是否完全分隔或采取了相应的措施。

二、电气管理

1. 电气线路敷设、设备安装和维修应当由具备相应职业资格的人员按国家现行标准要求和操作规程进行。

2. 不得违规使用"热得快""小太阳"等大功率电器，不应长时间超负荷运行，不应带故障使用电气设备。

3. 不应私拉乱接电线，电气线路不应敷设在可燃物上，插座（插排）周围0.5m范围内不能有可燃物，顶棚内敷设的电气线路应穿金属管。

4. 营业结束时，应切断营业场所的非必要电源。

5. 不应在室内停放电动车或为电动车充电。

6. 要购买有3C认证的电器产品。

三、厨房

1. 厨房应配备灭火毯、灭火器；采用耐火极限不低于2.0h的防火隔墙与其他部位分隔，隔墙上的门、窗应采用乙级防火门、窗。

2. 厨房的顶棚、墙面、地面应采用不燃材料装修。

3. 设置在地下室、半地下室内的厨房严禁使用液化石油气；不得使用液化气罐；存放气瓶总重量超过100kg的应设置专用气瓶间。

4. 采用可燃气体做燃料的厨房，应设置可燃气体浓度报警装置及燃气紧急切断阀。

5. 燃气灶的连接软管长度不应超过2m，不得私接"三通"或穿越墙体、门窗、顶棚，不能有裂纹、破损，连接牢靠。

6. 烟罩应定期清洗，油烟管道应每季度至少清洗一次，并有清洗前后对比照片的清洗报告。

四、安全出口及疏散楼梯

1. 安全出口疏散门应向外开启，不能采用卷帘门、转门和侧拉门，不能上锁和封堵，应保持畅通。

2. 疏散出口门、室外疏散楼梯净宽度不应小于0.8m；疏散走道、疏散楼梯、首层疏散外门的净宽度不应小于1.1m。

3. 楼梯间内不能堆放杂物，严禁设置地毯、窗帘、KT板广告牌等可燃材料。

4. 通向室外疏散楼梯的门应采用乙级防火门，应向外开启，不应正对楼梯段。

五、疏散指示标志

1. 疏散指示标志不应被遮挡。

2. 安全出口标志、疏散指示标志应采用灯光式，其中安全出口标志应设在安全出口正上方，疏散指示标志应设置在疏散走道及其转角处距地面高度1m以下的墙面或地面上；有困难时，可设置在疏散通道上方2.2m~3m处，两种标志均应接电常亮，保持完好有效。

3. 灯光疏散指示标志的间距不应大于20m。

六、疏散照明灯

1. 安全出口、疏散楼梯及建筑面积大于200m²的营业厅、餐厅等人员密集场所及其疏散口应在顶棚墙面上设疏散照明灯。

2. 平时主电状态是绿灯、故障状态是黄灯、充电状态是红灯，现场按下测试按钮，应保持常亮状态。

3. 连续供电时间不应少于0.5h。

七、灭火器

1. 一般都是配备ABC干粉灭火器，压力表指针在绿区；机房、配电室等电气设备用房应配备二氧化碳灭火器。

2. 灭火器应有红色消防产品身份标识，每个设置点应配备2具4kg干粉灭火器（通常每150m²设一个设置点）；建筑面积1000m²以上的，每个设置点应配备2具8kg干粉灭火器（通常每250m²设一个设置点）。

3. 灭火器应放在明显和便于取用的地点，并贴有使用方法标识，灭火器箱不应被遮挡、上锁，开启应灵活。

4. 灭火器的零部件齐全，无松动、脱落或损伤，铅封等保险装置无损坏或遗失。

5. 喷射软管应完好，无明显裂纹，喷嘴无堵塞。

6. 灭火器的筒体无明显缺陷、无锈蚀（特别查看筒底）。

7. 干粉灭火器、二氧化碳灭火器出厂期满5年后进行首次维修，之后每2年维修一次；二氧化碳灭火器的报废期限为12年，干粉灭火器的报废期限为10年。

8. 干粉灭火器、二氧化碳灭火器出厂期满5年后进行首次维修，之后每2年维修一次；二氧化碳灭火器的报废期限为12年，干粉灭火器的报废期限为10年。

八、室内消火栓系统

1. 消火栓不应被埋压、圈占、遮挡。

2. 消火栓箱门应张贴操作说明，能正常开启且开启角度不小于120°。

3. 水带、水枪、接口应齐全，水带不应破损，水带与接口应牢靠，消火栓栓口方向应向下或与墙面成90°，检查时，应在顶层进行出水测试，水压符合要求。

4. 设有消火栓报警按钮的，接线应完好，有巡检指示功能的其巡检指示灯应闪亮。

5. 按下消火栓按钮，指示灯应常亮，火灾报警控制柜应收到反馈信号。

6. 消防软管卷盘的胶管不应粘连、开裂，与喷枪、阀门等连接应牢固；阀门操作手柄应完好；打开供水阀，各连接处无渗漏；开启喷枪，检查其喷水情况应正常。

九、防火门

1. 常闭式防火门应有红色的消防产品合格标志，且处于关闭状态，门扇启闭应灵活，无关闭不严的现象；门框、门扇、门槛、把手、锁、防火密封条、闭门器、顺序器等组件应保持齐全、好用。

2. 释放单扇防火门，门扇应能自动关闭；释放双、多扇防火门，观察门扇是否能实现顺序关闭，并保持严密。

3. 门框上的缝隙、孔洞应采用水泥砂浆等不燃烧材料填充。

4. 释放单扇防火门，门扇应能自动关闭；释放双、多扇防火门，观察门扇是否能实现顺序关闭，并保持严密。

十、其他情况

1. 不应使用彩钢板搭建临时建筑。

2. 建筑内部装修应采用不燃和难燃性材料。

3. 外窗不应设置栅栏和影响逃生、灭火救援的广告牌等障碍物；确需设栅栏的，应能从内部易于开启。

4. 不仅需要报警，同时需要联动自动消防设备，且只设置一台有集中控制功能的火灾报警控制器和消防联动控制器的保护对象，应设置一个消防控制室。

5. 楼梯间内禁止设置库房，确有需要的库房门应采用甲级防火门，并用实体墙进行防火分隔。

第三章　"九小场所"检查步骤办法

行业部门消防安全检查步骤办法

序号	项目	检查内容	检查方式
1	建筑物、场所合法性检查	应当检查建设工程消防设计审核、消防验收意见书，或者消防设计、竣工验收消防备案凭证	查看档案
2	建筑物、场所使用情况	检查主要对照建设工程消防验收意见书、竣工验收消防备案凭证载明的使用性质，核对当前建筑物或者场所的使用情况是否相符	实地检查
3	消防安全责任落实情况	是否落实逐级消防安全责任制和岗位消防安全责任制，消防安全责任人、消防安全管理人以及各级、各岗位的消防安全责任人是否明确并落实责任。多产权、多使用权建筑是否明确消防安全责任	查看档案
4	消防安全制度检查	主要检查单位是否建立用火、用电、用油、用气安全管理制度，防火检查、巡查制度及火灾隐患整改制度，消防设施、器材维护管理制度，电气线路、燃气管路维护保养和检测制度，员工消防安全教育培训制度，灭火和应急疏散预案演练制度等	查看档案

序号	项目	检查内容	检查方式
5	消防档案检查	消防安全重点单位按要求建立健全消防档案，内容翔实，能全面反映单位消防基本情况和工作状况，并根据情况变化及时更新；其他单位将单位基本概况、消防部门填发的各种法律文书、与消防工作有关的材料和记录等统一保管备查	查看档案
6	防火检查、巡查情况检查	主要检查单位开展防火检查的记录，查看检查时间、内容和整改火灾隐患情况是否符合有关规定。对消防安全重点单位开展防火巡查情况的检查，主要检查每日防火巡查记录，查看巡查的人员、内容、部位、频次是否符合有关规定。公众聚集场所在营业期间是否每2小时开展一次防火巡查，医院、养老院、寄宿制学校、托儿所、幼儿园是否开展夜间巡查	查看档案
7	消防安全教育培训检查	要求自动消防系统操作人员对自动消防系统进行操作，查看操作是否熟练	实地检查
		检查职工岗前消防安全培训和定期组织消防安全培训记录：随机抽问职工，检查职工是否掌握查改本岗位火灾隐患、扑救初起火灾、疏散逃生的知识和技能。对人员密集场所的职工，还应当抽查引导人员疏散的知识和技能	查看档案现场提问
8	灭火应急疏散预案检查	检查灭火和应急疏散预案是否有组织机构，火情报告及处置程序，人员疏散组织程序及措施，扑救初起火灾程序及措施，通信联络、安全防护救护程序及措施等内容，查看单位组织消防演练记录	查看档案
		随机设定火情，要求单位组织灭火和应急疏散演练，检查预案组织实施情况。对属于人员密集场所的消防安全重点单位，检查承担灭火和组织疏散任务的人员确定情况及熟悉预案情况	实地检查

序号	项目	检查内容	检查方式
9	用火用电用气及装修材料管控	社会单位的电气焊工、电工、危险化学物品管理人员应当持证上岗	查看档案
		营业时间严禁动火作业，动火作业前应办理动火审批手续	查看档案 实地检查
		电气线路敷设、电气设备安装维修应由具备相应职业资格人员进行操作	查看档案
		建筑内电线应规范架接，安装短路保护开关和防漏电开关，没有乱拉乱接电线	实地检查
		是否存在电动车违规充电停放行为	实地检查
		每日营业结束时应当切断营业场所内的非必要电源	实地检查
		每月应定期清洗厨房油烟管道	查看档案 实地检查
		内部装修施工不得擅自改变防火分隔、安全出口数量、宽度和消防设施，不得降低装修材料燃烧性能等级要求	实地检查
		严禁采用泡沫夹芯板、可燃彩钢板加建、搭建	实地检查
10	微型消防站	微型消防站每班人员不应少于6人，并且每月应定期开展半天灭火救援训练，熟练掌握扑救初期火灾能力，随时做好应急出动准备，达到1分钟到场确认，3分钟到场扑救标准	查看档案 实地检查
11	安全疏散	根据被检查单位建筑层数和面积，现场全数检查或抽查疏散通道、安全出口是否畅通	实地检查
		抽查封闭楼梯、防烟楼梯及其前室的防火门常闭状态及自闭功能情况；平时需要控制人员随意出入的疏散门不用任何工具能否从内部开启，是否有明显标识和使用提示；常开防火门的启闭状态在消防控制室的显示情况；在不同楼层或防火分区至少抽查3处疏散指示标志、应急照明是否完好有效	实地检查

续表

序号	项目	检查内容	检查方式
12	建筑防火和防火分隔	防火间距、消防车通道是否符合要求	实地检查
		人员密集场所门窗上是否设置影响逃生和灭火救援的障碍物	实地检查
		设置在建筑内厨房的门是否与公共部位有防火分隔，厨房的门窗是否设为乙级防火门窗	实地检查
		防火卷帘下方是否有障碍物。自动、手动启动防火卷帘，卷帘能否下落至地板面，反馈信号是否正确	实地检查
		是否按规定安装防火门，防火门有无损坏，闭门器是否完好	实地检查
13	消防控制室	消防控制室值班人员应实行24小时不间断值班制度，每班不应小于2人，且应持有相应的消防职业资格证书，并应当熟练掌握建筑基本情况、消防设施设置情况、消防设施设备操作规程和火灾、故障应急处置程序和要求，如实填写消防控制室值班记录表	查看档案实地检查
		在消防控制室检查自动消防设施运行情况，主要测试火灾自动报警系统、自动灭火系统、消火栓系统、防排烟系统、防火卷帘和联动控制设备的运行情况，测试消防电话通话情况。在消防水泵房启、停消防水泵，测试运行情况	实地检查
14	消防设施、器材	社会单位应委托具备相应从业条件的消防技术服务机构每月对建筑消防设施进行一次维护保养。每年对建筑消防设施进行一次全面检测	查看档案
		检查火灾自动报警系统：选择不同楼层或者防火分区进行抽查。对抽查到的楼层或者防火分区，至少抽查3个探测器进行火灾报警、故障报警、火灾优先功能试验，至少抽查一处手动报警器进行动作试验，核查消防控制室控制设备对报警、故障信号的显示情况，联动控制设施动作显示情况；至少抽查一处消防电话插孔，测试通话情况	实地检查

序号	项目	检查内容	检查方式
14	消防设施、器材	检查自动喷水灭火系统：检查每个湿式报警阀，查看报警阀主件是否完整，前后阀门的开启状态，进行放水测试，核查压力开关和水力警铃报警情况；在每个湿式报警阀控制范围的最不利点进行末端试水，检查水压和流量情况，核查消防控制室的信号显示和消防水泵的联动启动情况	实地检查
		检查气体灭火系统：检查气瓶间的气瓶重量、压力显示以及开关装置开启情况	实地检查
		检查泡沫灭火系统：检查泡沫泵房，启动水泵；检查泡沫液种类、数量及有效期；检查泡沫产生设施工作运行状态	实地检查
		检查防排烟系统：用自动和手动方式启动风机，抽查送风口、排烟口开启情况，核查消防控制室的信号显示情况	实地检查
		检查防火卷帘：至少抽查一个楼层或者一个防火分区的卷帘门，对自动和手动方式进行启动、停止测试，核查消防控制室的信号显示情况	实地检查
		检查室内消火栓：在每个分区的最不利点抽查一处室内消火栓进行放水试验，检查水压和流量情况，按启泵按钮，核查消防控制室启泵信号显示情况	实地检查
		检查室外消火栓：至少抽查一处室外消火栓进行放水试验，检查水压和水量情况	实地检查
		检查水泵接合器：查看标识的供水系统类型及供水范围等情况	实地检查
		检查消防水池：查看消防水池、消防水箱储水情况，消防水箱出水管阀门开启状态	实地检查
		灭火器：至少抽查3个点配备的灭火器，检查灭火器的选型、压力情况	实地检查
		消防设施、器材应当设置醒目的标识，并用文字或图例标明操作使用方法；主要消防设施设备上应当张贴记载维护保养、检测情况的卡片或记录	实地检查

序号	项目	检查内容	检查方式
15	消防安全重点部位	是否将容易发生火灾、一旦发生火灾可能严重危及人身和财产安全以及对消防安全有重大影响的部位确定为消防安全重点部位，设置明显的防火标志，实行严格管理	实地检查
		是否明确消防安全管理的责任部门和责任人，配备必要的灭火器材、装备和个人防护器材，制定和完善事故应急处置操作程序	查看档案实地检查
		核查人员在岗在位情况	实地检查

社会单位自检自查步骤办法

序号	项目	检查内容	自改措施	检查方式
1	消防安全责任落实情况	是否落实逐级消防安全责任制和岗位消防安全责任制	按要求整改	查看档案现场提问
		消防安全责任人、消防安全管理人以及各级、各岗位的消防安全责任人是否明确并落实责任	将消防安全工作职责落实到每个岗位	查看档案现场提问
2	消防安全管理制度规程	社会单位应按照国家有关规定，结合本单位的特点，建立健全各项消防安全制度和保障消防安全的操作规程，并公布执行。单位的消防安全制度主要包括以下内容： 1.消防安全教育、培训制度 2.防火巡查、检查制度 3.安全疏散设施管理制度 4.消防（控制室）值班制度 5.消防设施、器材维护管理制度 6.火灾隐患整改制度 7.用火用电安全管理制度 8.易燃易爆危险物品和场所防火爆制度 9.专职、义务消防队和微型消防站的组织管理制度 10.灭火和应急疏散预案演练制度 11.燃气和电器设备的检查和管理制度 12.消防安全工作考评和奖惩制度 13.其他必要的消防安全内容	按要求制定各项消防安全管理制度	查看档案

序号	项目	检查内容	自改措施	检查方式
3	消防档案工作	消防安全重点单位按要求建立健全消防档案，内容翔实，能全面反映单位消防基本情况和工作状况，并根据情况变化及时更新；其他单位将单位基本概况、消防部门填发的各种法律文书、与消防工作有关的材料和记录等统一保管备查	按要求整改	查看档案
4	防火巡查检查	社会单位应按本行业系统消防安全标准化管理要求，每天开展防火巡查，并强化夜间巡查；每月应至少组织一次防火检查，并应正确填写巡查和检查记录表	严格按照规定要求开展巡查检查工作；正确填写巡查和检查记录	查看档案
		对发现的火灾隐患进行登记并跟踪落实整改到位，确保疏散通道、安全出口、消防车道保持畅通	立即清理疏散通道、安全出口、消防车道障碍物	查看档案
5	消防安全培训和应急疏散演练	所有从业员工应当进行上岗前消防培训。消防安全重点单位对每名员工应当至少每年进行一次消防安全培训，公众聚集场所对员工的消防安全培训应当至少每半年一次，其他单位也应当定期组织开展消防安全培训	组织新员工上岗前消防培训；组织全体职员开展消防培训	查看档案
		消防安全重点单位应当按照灭火和应急疏散预案，至少每半年进行一次演练，并结合实际，不断完善预案。其他单位应当结合本单位实际，参照制订相应的应急方案，至少每年组织一次演练	组织全体职员开展消防演练	查看档案
6	消防安全重点部位	社会单位内的仓储库房、厨房、配电房、锅炉房、柴油发电机房、制冷机房、空调机房、冷库、电动车集中停放及充电场所等火灾危险性大的部位应确定为重点部位，并落实严格的管控防范措施	按要求确定重点部位，制订重点部位消防安全管理措施	查看档案实地检查

续表

序号	项目	检查内容	自改措施	检查方式
7	用火用电用气及装修材料管控	社会单位的电气焊工、电工、易燃易爆危险物品管理员应当持证上岗	相关人员取得上岗证	查看档案
		营业时间严禁动火作业，动火作业前应办理动火审批手续	立即禁止动火作业，按程序办理动火手续	查看档案实地检查
		电气线路敷设、电气设备安装维修应由具备相应职业资格人员进行操作	相关人员取得上岗证	查看档案
		建筑内电线应规范架接，安装短路保护开关和防漏电开关，没有乱拉乱接电线	按要求整改	实地检查
		是否存在电动车违规充电停放行为	立即清理	实地检查
8	消防控制室	每日营业结束时应当切断营业场所内的非必要电源	立即切断营业场所内的非必要电源	实地检查
		每月应定期清洗厨房油烟管道	清洗厨房油烟管道	查看档案实地检查
		内部装修施工不得擅自改变防火分隔、安全出口数量、宽度和消防设施，不得降低装修材料燃烧性能等级要求	立即停止装修施工，整改安全隐患	实地检查
		严禁采用泡沫夹芯板、可燃彩钢板加建、搭建	一律拆除	实地检查
		消防控制室值班人员应实行24小时不间断值班制度，每班不应少2人，且应持有相应的消防职业资格证书，并应当熟练掌握建筑基本情况、消防设施设置情况、消防设施设备操作规程和火灾、故障应急处置程序和要求，如实填写消防控制室值班记录表	组织值班人员培训考证	查看档案实地检查

序号	项目	检查内容	自改措施	检查方式
9	微型消防站	微型消防站每班人员不应少于6人，并且每月应定期开展半天灭火救援训练，熟练掌握扑救初期火灾能力，随时做好应急出动准备，达到1分钟到场确认，3分钟到场扑救标准	配齐微型消防站队员和装备，开展应急处置训练	查看档案实地检查
10	安全疏散	安全出口锁闭、堵塞或者数量不足的（安全出口不少于2个）、疏散通道堵塞	安全出口锁闭立即开锁；恢复、增加安全出口	实地检查
		外窗、阳台是否设置防盗铁栅栏	开设紧急逃生口	实地检查
11	建筑防火	防火间距、消防车通道是否符合要求	按要求整改	实地检查
		人员密集场所门窗上是否设置影响逃生和灭火救援的障碍物	按要求整改	实地检查
12	防火分隔	设置在建筑内厨房的门是否与公共部位有防火分隔，厨房的门窗是否设为乙级防火门窗	厨房的门窗改为乙级防火门、窗	实地检查
		防火卷帘下方是否有障碍物。自动、手动启动防火卷帘能否下落至地板面，反馈信号是否正确	按要求整改	实地检查
		是否按规定安装防火门，防火门有无损坏，闭门器是否完好	按要求整改	实地检查
13	消防设施器材	是否委托具备相应从业条件的消防技术服务机构每月对建筑消防设施进行一次维护保养。每年对建筑消防设施进行一次全面检测	签订维保合同，落实每月消防设施维保和年度检测工作	查看台账
		是否按要求设置灭火器、室内外消火栓、疏散指示标志和应急照明等消防设施	购买灭火器、疏散指示标志和应急照明等消防设施；安装室内外消火栓	实地检查

序号	项目	检查内容	自改措施	检查方式
13	消防设施器材	是否按要求设置自动喷水灭火系统、火灾自动报警系统、应急广播等	安装自动喷水灭火系统、火灾自动报警系统、应急广播等	实地检查
		室内消火栓、喷淋的消防水泵电源控制柜开关是否设在自动状态，消防水池、高位水箱的水量是否符合要求，室内消火栓、喷淋的消防水泵手动测试启动时是否能启动	按要求整改	实地检查
		灭火器的插销、喷管、压把等部件是否正常、使用年限是否过期、压力指针是否在绿色范围	维修或重新购买	实地检查
		疏散指示标志、应急照明灯在测试或断电时是否能在一定时间内保持亮度	维修或重新购买	实地检查
		消防控制室、消防水泵房是否设置应急照明灯和消防电话	安装应急照明灯和消防电话	实地检查
		火灾自动报警主机是否设置为自动状态、报警主机是否有故障、报警主机远程启动消防泵、报警探测器上指示灯是否能定时闪烁	按要求整改	实地检查

第四章 "九小场所"消防安全管理相关文件

住宿与生产储存经营合用场所消防安全技术要求

前言

本标准的4.1、4.2、4.3为强制性，其余为推荐性。

本标准由公安部消防局提出。

本标准由全国消防标准化技术委员会第九分技术委员会（SAC/TC113/SC9）归口。

本标准起草单位：公安部消防局、上海市公安消防总队、浙江省公安消防总队、江苏省公安消防总队、公安部天津消防研究所。

本标准主要起草人：郭铁男、朱力平、马恒、李淑惠、沈纹、季俊贤、沈友弟、赵庆平、冯王碧、熊军、朱鸣、冯婧钰、宋树欣、田亮、倪照鹏、王宗存。

本标准为首次发布。

引言

在既有厂房、仓库、商场中设置员工宿舍，或是在居住等民用建筑中从事生产、储存、经营等活动，而住宿部分与其他部分又未按规定采取必要的防火分隔和设置消防设施，使得这类建筑的消防安全条件与建筑使用性质不相适应，具有较高的火灾危险性。为了贯彻国家消防工作方针和政策，预防和减少火灾，保障人身安全，为火灾隐患的治理提供依据，制定本标准。

1 范围

本标准提出了住宿与生产、储存、经营合用场所（俗称"三合一"，以下简称"合用场所"）的限定条件，并规定了合用场所的防火分隔措施、疏散设施、消防设施，以及火源控制等消防安全技术要求。

本标准适用于既有住宿与生产、储存、经营合用场所的消防安全治理。

2 规范性引用文件

下列文件中的条款通过本标准的引用而成为本标准的条款。凡是注日期的引用文件，其随后所有的修改单（不包括勘误的内容）或修订版均不适用于本标准，然而，鼓励根据本标准达成协议的各方研究使用这些文件的最新版本。凡是不注日期的引用文件，其最新版本适用于本标准。

GB 20517 独立式感烟火灾探测报警器

GB 50016 建筑设计防火规范

GB 50084 自动喷水灭火系统设计规范

GB 50116 火灾自动报警系统设计规范

GB 50140 建筑灭火器配置设计规范

GB 50222 建筑内部装修设计防火规范

GB 50354 建筑内部装修防火施工及验收规范

3 术语和定义

下列术语和定义适用于本标准。

住宿与生产、储存、经营合用场所the place combined with habitation、production 、storage and business

住宿与生产、储存、经营等一种或几种用途混合设置在同一连通空间内的场所。

4 基本规定

4.1 合用场所不应设置在下列建筑内：

a）有甲、乙类火灾危险性的生产、储存、经营的建筑；

b）建筑耐火等级为三级及三级以下的建筑；

c）厂房和仓库；

d）建筑面积大于2500m²的商场市场等公共建筑；

e）地下建筑。

4.2 符合下列情形之一的合用场所应采用不开门窗洞口的防火墙和耐火极限不低于1.5h的楼板将住宿部分与非住宿部分完全分隔，住宿与非住宿部分应分别设置独立的疏散设施；当难以完全分隔时，不应设置人员住宿：

a）合用场所的建筑高度大于15m；

b）合用场所的建筑面积大于2000m²；

c）合用场所住宿人数超过20人。

4.3 除4.2以外的其他合用场所，当执行4.2规定有困难时，应符合下列规定：

a）住宿与非住宿部分应设置火灾自动报警系统或独立式感烟火灾探测报警器；

b）住宿与非住宿部分之间应进行防火分隔；当无法分隔时，合用场所应设置自动喷水灭火系统或自动喷水局部应用系统；

c）住宿与非住宿部分应设置独立的疏散设施；当确有困难时，应设置独立的辅助疏散设施。

4.4 合用场所的疏散门应采用向疏散方向开启的平开门，并应确保人员在火灾时易于从内部打开。

4.5 合用场所使用的疏散楼梯宜通至屋顶平台。

4.6 合用场所中应配置灭火器、消防应急照明，并宜配备轻便消防水龙。

4.7 层数不超过2层、建筑面积不超过300m²，且住宿少于5人的小型合用场所，当执行本标准关于防火分隔措施和自动喷水灭火系统的规定确有困难时，宜设置独立式感烟火灾探测报警器；人员住宿宜设置在首层，并直通出口。

4.8 合用场所内的安全出口和辅助疏散出口的宽度应满足人员安全疏散的需要。

5 防火分隔措施

5.1 4.3中的防火分隔措施应采用耐火极限不低于2h的不燃烧体墙和耐火极限不低于1.5h的楼板，当墙上确需开门时，应为常闭乙级防火门。

当采用室内封闭楼梯间时，封闭楼梯间的门应采用常闭乙级防火门，且封闭楼梯间首层应直通室外或采用扩大封闭楼梯间直通室外。

5.2 住宿内部隔墙应采用不燃烧体，并应砌筑至楼板底部。

5.3 两个合用场所之间或者合用场所与其他场所之间应采用不开门窗洞口的防火墙和1.5h楼板进行防火分隔。

6 辅助疏散设施

6.1 室外金属梯、配备逃生避难设施的阳台和外窗，可作为合用场所的辅助疏散设施。逃生避难设施的设置应符合有关建筑逃生避难设施配置标准。

6.2 合用场所的外窗或阳台不应设置金属栅栏，当必须设置时，应能从内部易于开启。

6.3 用于辅助疏散的外窗，其窗口高度不宜小于1m，宽度不宜小于0.8m，窗台下沿距室内地面高度不应大于1.2m。

7 自动灭火和火灾自动报警

7.1 合用场所自动喷水灭火系统和自动喷水局部应用系统的设置应符合GB 50084的规定。

7.2 合用场所火灾自动报警系统和独立式感烟火灾探测报警器的设置应符合GB 50116和GB 20517的规定。

7.3 火灾探测报警器应安装在疏散走道、住房、具有火灾危险性的房间、疏散楼梯的顶部。

7.4 设置非独立式感烟火灾探测报警器的场所，应设置应急广播扬声器或火灾警报装置。

7.5 独立式感烟火灾探测报警器，应急广播扬声器或火灾警报装置的播放声压级应高于背景噪声的15dB，且应确保住宿部分的人员能收听到火灾警报音响信号。

7.6 使用电池供电的独立式感烟火灾探测报警器，应定期更换电池。

8 火源控制

8.1 合用场所除厨房外，不应使用、存放液化石油气罐和甲、乙、丙类可燃液体。存放液化石油气罐的厨房应采取防火分隔措施，并设置自然排风窗。

8.2 合用场所的消防配电线路的敷设应符合GB 50016的要求。其他配电线路的敷设应符合下列要求：

a）电气线路的规格应满足用电设备的负荷要求；不应乱拉乱接临时电气线路；

b）电气线路敷设应避开可燃材料；当无法避开时，应采取穿金属管、阻燃塑料管等防火保护措施；

c）吊顶为可燃材料或吊顶内有可燃物时，吊顶内的电气线路均应穿金属管、阻燃塑料管。

8.3 合用场所电器设备使用管理应符合下列要求：

a）不应超负荷使用；

b）不应用铜丝、铁丝等代替保险丝；

c）电热炉、电加热器、电暖器、电饭锅、电熨斗、电热毯等电热器具使用后应采取拔出电源插销等切断电源的措施；

d）用电设备长时间使用时，应观察设备、器具的温度，及时冷却降温；

e）对产生高温或使用明火的设备，应限制周围可燃物，使用期间设专人监护。

8.4 建筑内的照明安装应符合下列要求：

a）照明灯具表面的高温部位靠近可燃物时，应采取隔热、散热等防火保护措施；

b）使用卤钨灯和额定功率超过100W白炽灯的吸顶灯、槽灯、嵌入式灯，其引入线应采用瓷管、矿棉等不燃材料作隔热保护；

c）卤钨灯、高压钠灯、金属卤灯光源、荧光高压汞灯（包括电感镇流器）、超过60W的白炽灯等不应直接安装在可燃装修材料或可燃物体上。

8.5 合用场所内应有用火、用电、用油、用燃气等的消防安全管理制度。

9 其他要求

9.1 灭火器的配置应符合GB 50140的规定。消防应急照明的设置应符合GB 50116的规定。

9.2 合用场所的内部装修材料应符合GB 50222和GB 50354的规定。

9.3 室外广告牌、遮阳棚等应采用不燃或难燃材料制作，且不应影响房间内的采光、排风、辅助疏散设施的使用、消防车的通行以及灭火救援行动。

9.4 合用场所集中的地区，当市政消防供水不能满足要求时，应充分利用天然水源或设置室外消防水池，消防水池容量不应小于200m³。

9.5 合用场所集中的地区，应建立专、兼职消防队伍，并应配备相应的灭火车辆装备和救援器材。

9.6 合用场所的消防安全除符合本标准外，尚应符合国家现行有关标准和地方相关规定的要求。

吉林省公安派出所消防监督工作规定

第一章　总则

第一条　为了加强和规范公安派出所消防监督工作，完善消防监督机制，依据《中华人民共和国消防法》、《吉林省消防条例》、公安部《消防监督检查规定》等法律、法规和规章的规定，结合我省实际，制定本规定。

第二条　公安派出所依法对符合《吉林省公安派出所消防监督检查单位界定标准》的单位和场所进行日常消防监督检查，并对未纳入日常消防监督检查范围但有固定经营场所的个体工商户进行消防监督抽查。

第三条　纳入公安机关消防机构管理范围的消防安全重点单位和纳入公安派出所日常消防监督检查范围的单位、场所，由县级公安机关以文件形式明确，并向社会公布。

公安机关应当每年对辖区内纳入公安机关消防机构管理范围的消防安全重点单位和纳入公安派出所日常消防监督检查范围的单位、场所进行一次调整，并于每年的3月20日前报本级人民政府备案。

第四条　公安派出所消防监督工作实行所长负责制，由社区（驻村）或责任区民警、治安民警具体实施。

第五条　公安派出所对其日常消防监督检查范围内的单位每年至少检查一次。

公安派出所对未纳入日常消防监督检查范围但有固定经营场所的个体工商户进行消防监督抽查时，抽查比例不应小于总数的30%。

重大节日、重大活动和火灾多发季节等特殊时期，公安派出所还应当组织或者参加专项监督检查。

第六条　公安派出所开展消防监督工作，应当接受公安机关消防机构的业务指导。

第七条 公安机关应当将公安派出所消防监督工作纳入公安机关社会治安评估体系和年度工作考评及公安派出所等级评定考核范围。考核的具体内容、标准和方法按照有关规定执行。

对在消防监督工作中有突出贡献的公安派出所和民警，应予以表彰和奖励。

第八条 本规定适用于全省公安、边防派出所消防监督工作。

铁路、交通、民航、森林公安派出所消防监督工作，参照本规定执行。

第二章 监督检查职责、内容和方法

第九条 公安派出所应当依法履行下列消防监督职责：

（一）贯彻执行有关消防法律、法规、规章和规范性文件及上级公安机关关于消防工作的指示和要求，开展消防宣传教育，向乡镇人民政府和街道办事处提出消防工作意见或者建议；

（二）对其监督范围内的单位、场所遵守消防法律、法规情况进行消防监督检查，并督促其改正消防违法行为；

（三）督促被检查单位依法申请建设工程消防验收、竣工验收备案以及公众聚集场所投入使用、营业前消防安全检查；

（四）及时受理群众举报投诉的消防违法行为，并依法处理；

（五）对公安派出所监管范围内的单位或个体工商户（场所）发生的没有人员伤亡、直接财产损失五万元以下的火灾；居（村）民家庭发生的没有人员伤亡、直接财产损失三万元以下的火灾，负责调查火灾原因、统计火灾损失，依法对火灾事故进行处理；

（六）辖区内发生火灾时，迅速到达现场，维护火场秩序、协助组织扑救火灾。对发生人员伤亡、较大财产损失或疑难火灾，在保护现场、控制火灾肇事嫌疑人的同时，迅速向主管公安机关及其消防机构报告；

（七）法律、法规和规章规定的其他职责。

第十条 公安派出所对监管范围内的单位、场所进行日常消防监督检查，应当检查下列内容：

（一）建筑物或者场所是否依法通过消防验收或者进行消防竣工验收备案；

（二）公众聚集场所是否依法通过投入使用、营业前的消防安全检查；

（三）是否制定消防安全制度、消防安全操作规程、灭火和应急疏散预案；

（四）值班人员是否在岗在位并履行消防安全职责；

（五）是否组织防火检查、消防安全教育培训、灭火和应急疏散演练；

（六）消防车通道、疏散通道、安全出口是否畅通，室内消火栓、疏散指示标志、应急照明、灭火器等是否完好有效；

（七）生产、储存、经营易燃易爆危险品的场所是否与居住场所设置在同一建筑物内，或是否与居住建筑保持一定的安全距离；

（八）是否存在违章用火、用电、用油、用气，违章动焊、吸烟等违法行为。

对设有消防设施的单位，公安派出所还应当检查设施是否停用，是否每年对建筑消防设施至少进行一次全面检测，自动消防系统操作人员是否持证上岗。

对居民住宅区的物业服务企业进行日常消防监督检查，公安派出所除检查本条第一款第（三）至（八）项内容外，还应当检查物业服务企业对管理区域内共用消防设施是否进行维护管理。

第十一条 公安派出所对居民委员会、村民委员会履行消防安全职责情况进行日常监督检查，应当检查下列内容：

（一）消防安全管理人是否确定；

（二）消防安全工作制度、居（村）民防火安全公约是否制定；

（三）是否开展消防宣传教育、防火安全检查；

（四）是否对社区、村庄消防设施、消防水源、消防车通道、消防器材进行维护管理；

（五）是否建立志愿消防队等多种形式消防组织。

第十二条　公安派出所民警在实施监督检查时，可以采用以下方法：

（一）询问单位管理人员和员工消防知识掌握和灭火应急疏散预案演练情况；

（二）查阅有关消防安全的文件、资料和网上备案信息；

（三）查看消防设施、消防器材的完好有效情况；

（四）检查疏散通道、消防车通道、安全出口等是否畅通。

第三章　工作程序

第十三条　公安派出所民警实施消防监督检查时，检查人员不得少于两人，并出示执法身份证件。

第十四条　公安派出所民警对单位进行监督检查时，应当如实记录检查情况，填写《公安派出所日常消防监督检查记录》并存档备查。

第十五条　公安派出所应当对列入其日常监督检查和抽查范围的单位、场所进行登记备案。

第十六条　公安派出所民警在日常消防监督检查或者抽查时，发现被检查单位、场所有下列行为之一的，应当责令依法改正：

（一）未制定消防安全制度、消防安全操作规程和灭火应急疏散预案的；

（二）未组织防火检查、消防安全教育培训、消防演练的；

（三）未按要求对建筑消防设施定期进行全面检测的。

第十七条　公安派出所民警在日常消防监督检查或者抽查时，发现被检查单位、场所有下列行为之一的，应当在责令改正的同时，依法予以处罚：

（一）损坏、挪用或者擅自拆除、停用消防设施、器材的；

（二）占用、堵塞、封闭疏散通道、安全出口或者其他妨碍安全疏散的行为的；

（三）占用、堵塞、封闭消防车通道，妨碍消防车通行的；

（四）埋压、圈占、遮挡消火栓、消防水鹤或者占用防火间距的。

第十八条　公安派出所民警在日常消防监督检查或者抽查时，发现被检查单位、场所有下列行为之一的，应当在检查之日起五个工作日内书面移交公安机关消防机构处理：

（一）建筑物未依法通过消防验收，或者未依法进行消防竣工验收备案，擅自投入使用的；

（二）公众聚集场所未依法通过使用、营业前的消防安全检查，擅自使用、营业的；

（三）消防设施、器材或者消防安全标志的配置、设置不符合国家标准、行业标准的；

（四）人员密集场所在门窗上设置影响逃生和灭火救援的障碍物的。

第十九条　公安派出所民警在日常消防监督检查或者抽查时，发现有下列违法行为之一的，依照《中华人民共和国消防法》和《吉林省消防条例》等有关法律法规的规定处理：

（一）违反消防安全规定进入生产、储存易燃易爆危险品场所的；

（二）违反规定使用明火作业或者在具有火灾、爆炸危险的场所违反禁令吸烟、使用明火的；

（三）违反有关消防技术标准和管理规定生产、储存、运输、销售、使用、销毁易燃易爆危险品的；

（四）非法携带易燃易爆危险品进入公共场所或者乘坐公共交通工具的；

（五）指使或者强令他人违反消防安全规定，冒险作业的。

第二十条　公安派出所受理群众举报投诉的消防安全违法行为，不属于其管辖范围的，应当依照《公安机关办理行政案件程序规定》及时移送有管辖权的相关机构处理。

第二十一条 公安派出所应当按照下列时限，对举报投诉的消防安全违法行为进行实地核查：

（一）对举报投诉占用、堵塞、封闭疏散通道、安全出口或者其他妨碍安全疏散行为，以及擅自停用消防设施的，应当在接到举报投诉后二十四小时内进行核查；

（二）对举报投诉本款第一项以外的消防安全违法行为，应当在接到举报投诉之日起三个工作日内进行核查。

核查后，对消防安全违法行为应当依法处理，处理情况应当及时告知举报投诉人；无法告知的，应当在受理登记中注明。

第二十二条 公安派出所在日常消防监督检查中，发现存在严重威胁公共安全的火灾隐患，应当在责令改正的同时书面报告乡镇人民政府或者街道办事处和公安机关消防机构。

第二十三条 公安派出所开展火灾事故调查工作，应按照《吉林省公安机关火灾事故调查规定》进行。

第二十四条 公安派出所按简易程序调查的火灾事故，当场制作《火灾事故简易认定书》，由火灾事故调查人员、当事人签字或者捺指印后交付当事人。《火灾事故简易调查认定书》应当在二日内报所属公安派出所和公安机关消防机构备案。

公安派出所进行火灾事故调查时，发现情况复杂、疑难，自身现有能力和技术条件无法作出事故认定的，应当立即向县级公安机关报告，由县级公安机关指定调查部门。

第二十五条 公安派出所按一般程序调查的火灾事故，应当自接到火灾报警之日起三十日内，根据现场勘验、调查询问和有关检验、鉴定意见等调查情况，及时作出起火原因和灾害成因的认定，制作《火灾事故认定书》，七日内送达当事人，并告知当事人向公安机关消防机构申请复核和直接向人民法院提起民事诉讼的权利。无法送达的，可以在作出火灾事故认定之日起七日内公告送达。公告期为二十日，公告期满即视为送达。

第二十六条 当事人对火灾事故认定有异议的，可以自火灾事故认定书送达之日起十五日内，向上一级公安机关消防机构提出书面复核申请。复核以一次为限。

第二十七条 公安派出所应当根据受灾单位、个人的申报，在每月2日前，将前一个月的《火灾报告表》报送主管公安机关消防部门。

第二十八条 公安派出所应建立健全日常消防监督检查、消防行政处罚、火灾事故调查、群众举报投诉消防安全违法行为受理登记等消防监督业务档案。

第二十九条 公安派出所依法填发的法律文书，以公安派出所名义作出，加盖公安派出所印章。

第四章 法律责任

第三十条 公安派出所可以依据《中华人民共和国消防法》等法律法规的规定，对消防违法行为实施处罚。

给予单位或者个人警告或者五百元以下罚款的处罚，可以由公安派出所以自己的名义作出；五百元以上的罚款，责令停止施工、停止使用、停产停业处罚和采取临时查封措施，由公安派出所报送主管公安机关，以主管公安机关的名义作出。

第三十一条 公民、法人和其他组织对公安派出所依法作出的具体行政行为不服的，向主管该公安派出所的公安机关申请行政复议。

第三十二条 公安派出所及其民警在消防监督工作中滥用职权、玩忽职守、徇私舞弊，有下列行为之一，尚不构成犯罪的，应当依照有关规定给予直接责任人和有关负责人行政处分；情节严重，构成犯罪的，依法追究刑事责任：

（一）未按照本规定组织开展日常消防监督检查的；

（二）发现火灾隐患不及时通知有关单位或者个人整改的；

（三）没有法律依据、违反法定程序实施处罚的；

（四）利用职务为用户指定消防产品的销售单位、品牌的；

（五）接受被检查单位、个人财物或者其他不正当利益的；

（六）向被检查单位强行摊派各种费用和乱收费用的；

（七）其他滥用职权、玩忽职守、徇私舞弊的行为。

第五章　附则

第三十三条　公安派出所使用的消防法律文书统一由市（州）级公安机关印制。

第三十四条　行使公安派出所职能的城市公安分局参照本规定执行。

第三十五条　本规定由吉林省公安厅负责解释。

第三十六条　本规定自发布之日起施行，原《吉林省公安派出所消防监督工作规定》（吉公办字〔2010〕53号）同时废止。

机关、团体、企业、事业单位消防安全管理规定

第一章　总则

第一条　为了加强和规范机关、团体、企业、事业单位的消防安全管理，预防火灾和减少火灾危害，根据《中华人民共和国消防法》，制定本规定。

第二条　本规定适用于中华人民共和国境内的机关、团体、企业、事业单位（以下统称单位）自身的消防安全管理。

法律、法规另有规定的除外。

第三条　单位应当遵守消防法律、法规、规章（以下统称消防法规），贯彻预防为主、防消结合的消防工作方针，履行消防安全职责，保障消防安全。

第四条　法人单位的法定代表人或者非法人单位的主要负责人是单位的消防安全责任人，对本单位的消防安全工作全面负责。

第五条　单位应当落实逐级消防安全责任制和岗位消防安全责任制，明确逐级和岗位消防安全职责，确定各级、各岗位的消防安全责任人。

第二章　消防安全责任

第六条　单位的消防安全责任人应当履行下列消防安全职责：

（一）贯彻执行消防法规，保障单位消防安全符合规定，掌握本单位的消防安全情况；

（二）将消防工作与本单位的生产、科研、经营、管理等活动统筹安排，批准实施年度消防工作计划；

（三）为本单位的消防安全提供必要的经费和组织保障；

（四）确定逐级消防安全责任，批准实施消防安全制度和保障消防安全的操作规程；

（五）组织防火检查，督促落实火灾隐患整改，及时处理涉及消防安全的重大问题；

（六）根据消防法规的规定建立专职消防队、义务消防队；

（七）组织制订符合本单位实际的灭火和应急疏散预案，并实施演练。

第七条　单位可以根据需要确定本单位的消防安全管理人。消防安全管理人对单位的消防安全责任人负责，实施和组织落实下列消防安全管理工作：

（一）拟订年度消防工作计划，组织实施日常消防安全管理工作；

（二）组织制定消防安全制度和保障消防安全的操作规程并检查督促其落实；

（三）拟订消防安全工作的资金投入和组织保障方案；

（四）组织实施防火检查和火灾隐患整改工作；

（五）组织实施对本单位消防设施、灭火器材和消防安全标志的维护保养，确保其完好有效，确保疏散通道和安全出口畅通；

（六）组织管理专职消防队和义务消防队；

（七）在员工中组织开展消防知识、技能的宣传教育和培训，组织灭火和应急疏散预案的实施和演练；

（八）单位消防安全责任人委托的其他消防安全管理工作。

消防安全管理人应当定期向消防安全责任人报告消防安全情况，及时报告涉及消防安全的重大问题。未确定消防安全管理人的单位，前款规定的消防安全管理工作由单位消防安全责任人负责实施。

第八条　实行承包、租赁或者委托经营、管理时，产权单位应当提供符合消防安全要求的建筑物，当事人在订立的合同中依照有关规定明确各方的消防安全责任；消防车通道、涉及公共消防安全的疏散设施和其他建筑消防设施应当由产权单位或者委托管理的单位统一管理。

承包、承租或者受委托经营、管理的单位应当遵守本规定，在其使用、管理范围内履行消防安全职责。

第九条 对于有两个以上产权单位和使用单位的建筑物，各产权单位、使用单位对消防车通道、涉及公共消防安全的疏散设施和其他建筑消防设施应当明确管理责任，可以委托统一管理。

第十条 居民住宅区的物业管理单位应当在管理范围内履行下列消防安全职责：

（一）制定消防安全制度，落实消防安全责任，开展消防安全宣传教育；

（二）开展防火检查，消除火灾隐患；

（三）保障疏散通道、安全出口、消防车通道畅通；

（四）保障公共消防设施、器材以及消防安全标志完好有效。

其他物业管理单位应当对受委托管理范围内的公共消防安全管理工作负责。

第十一条 举办集会、焰火晚会、灯会等具有火灾危险的大型活动的主办单位、承办单位以及提供场地的单位，应当在订立的合同中明确各方的消防安全责任。

第十二条 建筑工程施工现场的消防安全由施工单位负责。实行施工总承包的，由总承包单位负责。分包单位向总承包单位负责，服从总承包单位对施工现场的消防安全管理。

对建筑物进行局部改建、扩建和装修的工程，建设单位应当与施工单位在订立的合同中明确各方对施工现场的消防安全责任。

第三章　消防安全管理

第十三条 下列范围的单位是消防安全重点单位，应当按照本规定的要求，实行严格管理：

（一）商场（市场）、宾馆（饭店）、体育场（馆）、会堂、公共娱乐场所等公众聚集场所（以下统称公众聚集场所）；

（二）医院、养老院和寄宿制的学校、托儿所、幼儿园；

（三）国家机关；

（四）广播电台、电视台和邮政、通信枢纽；

（五）客运车站、码头、民用机场；

（六）公共图书馆、展览馆、博物馆、档案馆以及具有火灾危险性的文物保护单位；

（七）发电厂（站）和电网经营企业；

（八）易燃易爆化学物品的生产、充装、储存、供应、销售单位；

（九）服装、制鞋等劳动密集型生产、加工企业；

（十）重要的科研单位；

（十一）其他发生火灾可能性较大以及一旦发生火灾可能造成重大人身伤亡或者财产损失的单位。

高层办公楼（写字楼）、高层公寓楼等高层公共建筑，城市地下铁道、地下观光隧道等地下公共建筑和城市重要的交通隧道，粮、棉、木材、百货等物资集中的大型仓库和堆场，国家和省级等重点工程的施工现场，应当按照本规定对消防安全重点单位的要求，实行严格管理。

第十四条 消防安全重点单位及其消防安全责任人、消防安全管理人应当报当地公安消防机构备案。

第十五条 消防安全重点单位应当设置或者确定消防工作的归口管理职能部门，并确定专职或者兼职的消防管理人员；其他单位应当确定专职或者兼职消防管理人员，可以确定消防工作的归口管理职能部门。归口管理职能部门和专兼职消防管理人员在消防安全责任人或者消防安全管理人的领导下开展消防安全管理工作。

第十六条 公众聚集场所应当在具备下列消防安全条件后，向当地公安消防机构申报进行消防安全检查，经检查合格后方可开业使用：

（一）依法办理建筑工程消防设计审核手续，并经消防验收合格；

（二）建立健全消防安全组织，消防安全责任明确；

（三）建立消防安全管理制度和保障消防安全的操作规程；

（四）员工经过消防安全培训；

（五）建筑消防设施齐全、完好有效；

（六）制订灭火和应急疏散预案。

第十七条 举办集会、焰火晚会、灯会等具有火灾危险的大型活动，主办或者承办单位应当在具备消防安全条件后，向公安消防机构申报对活动现场进行消防安全检查，经检查合格后方可举办。

第十八条 单位应当按照国家有关规定，结合本单位的特点，建立健全各项消防安全制度和保障消防安全的操作规程，并公布执行。

单位消防安全制度主要包括以下内容：消防安全教育、培训；防火巡查、检查；安全疏散设施管理；消防（控制室）值班；消防设施、器材维护管理；火灾隐患整改；用火、用电安全管理；易燃易爆危险物品和场所防火防爆；专职和义务消防队的组织管理；灭火和应急疏散预案演练；燃气和电气设备的检查和管理（包括防雷、防静电）；消防安全工作考评和奖惩；其他必要的消防安全内容。

第十九条 单位应当将容易发生火灾、一旦发生火灾可能严重危及人身和财产安全以及对消防安全有重大影响的部位确定为消防安全重点部位，设置明显的防火标志，实行严格管理。

第二十条 单位应当对动用明火实行严格的消防安全管理。禁止在具有火灾、爆炸危险的场所使用明火；因特殊情况需要进行电、气焊等明火作业的，动火部门和人员应当按照单位的用火管理制度办理审批手续，落实现场监护人，在确认无火灾、爆炸危险后方可动火施工。动火施工人员应当遵守消防安全规定，并落实相应的消防安全措施。

公众聚集场所或者两个以上单位共同使用的建筑物局部施工需要使用明火时，施工单位和使用单位应当共同采取措施，将施工区和使用区进行防火分隔，清除动火区域的易燃、可燃物，配置消防器材，专人监护，保证施工及使用范围的消防安全。

公共娱乐场所在营业期间禁止动火施工。

第二十一条 单位应当保障疏散通道、安全出口畅通，并设置符合国家规定的消防安全疏散指示标志和应急照明设施，保持防火门、防火卷帘、消防安全疏散指示标志、应急照明、机械排烟送风、火灾事故广播等设施处于正常状态。

严禁下列行为：

（一）占用疏散通道；

（二）在安全出口或者疏散通道上安装栅栏等影响疏散的障碍物；

（三）在营业、生产、教学、工作等期间将安全出口上锁、遮挡或者将消防安全疏散指示标志遮挡、覆盖；

（四）其他影响安全疏散的行为。

第二十二条 单位应当遵守国家有关规定，对易燃易爆危险物品的生产、使用、储存、销售、运输或者销毁实行严格的消防安全管理。

第二十三条 单位应当根据消防法规的有关规定，建立专职消防队、义务消防队，配备相应的消防装备、器材，并组织开展消防业务学习和灭火技能训练，提高预防和扑救火灾的能力。

第二十四条 单位发生火灾时，应当立即实施灭火和应急疏散预案，务必做到及时报警，迅速扑救火灾，及时疏散人员。邻近单位应当给予支援。任何单位、人员都应当无偿为报火警提供便利，不得阻拦报警。

单位应当为公安消防机构抢救人员、扑救火灾提供便利和条件。

火灾扑灭后，起火单位应当保护现场，接受事故调查，如实提供火灾事故的情况，协助公安消防机构调查火灾原因，核定火灾损失，查明火灾事故责任。未经公安消防机构同意，不得擅自清理火灾现场。

第四章 防火检查

第二十五条 消防安全重点单位应当进行每日防火巡查，并确定巡查的人员、内容、部位和频次。其他单位可以根据需要组织防火巡查。巡查的内容应当包括：

（一）用火、用电有无违章情况；

（二）安全出口、疏散通道是否畅通，安全疏散指示标志、应急照明是否完好；

（三）消防设施、器材和消防安全标志是否在位、完整；

（四）常闭式防火门是否处于关闭状态，防火卷帘下是否堆放物品影响使用；

（五）消防安全重点部位的人员在岗情况；

（六）其他消防安全情况。

公众聚集场所在营业期间的防火巡查应当至少每二小时一次；营业结束时应当对营业现场进行检查，消除遗留火种。医院、养老院、寄宿制的学校、托儿所、幼儿园应当加强夜间防火巡查，其他消防安全重点单位可以结合实际组织夜间防火巡查。

防火巡查人员应当及时纠正违章行为，妥善处置火灾危险，无法当场处置的，应当立即报告。发现初起火灾应当立即报警并及时扑救。

防火巡查应当填写巡查记录，巡查人员及其主管人员应当在巡查记录上签名。

第二十六条 机关、团体、事业单位应当至少每季度进行一次防火检查，其他单位应当至少每月进行一次防火检查。检查的内容应当包括：

（一）火灾隐患的整改情况以及防范措施的落实情况；

（二）安全疏散通道、疏散指示标志、应急照明和安全出口情况；

（三）消防车通道、消防水源情况；

（四）灭火器材配置及有效情况；

（五）用火、用电有无违章情况；

（六）重点工种人员以及其他员工消防知识的掌握情况；

（七）消防安全重点部位的管理情况；

（八）易燃易爆危险物品和场所防火防爆措施的落实情况以及其他重要物资的防火安全情况；

（九）消防（控制室）值班情况和设施运行、记录情况；

（十）防火巡查情况；

（十一）消防安全标志的设置情况和完好、有效情况；

（十二）其他需要检查的内容。

防火检查应当填写检查记录。检查人员和被检查部门负责人应当在检查记录上签名。

第二十七条 单位应当按照建筑消防设施检查维修保养有关规定的要求，对建筑消防设施的完好有效情况进行检查和维修保养。

第二十八条 设有自动消防设施的单位，应当按照有关规定定期对其自动消防设施进行全面检查测试，并出具检测报告，存档备查。

第二十九条 单位应当按照有关规定定期对灭火器进行维护保养和维修检查。对灭火器应当建立档案资料，记明配置类型、数量、设置位置、检查维修单位（人员）、更换药剂的时间等有关情况。

第五章 火灾隐患整改

第三十条 单位对存在的火灾隐患，应当及时予以消除。

第三十一条 对下列违反消防安全规定的行为，单位应当责成有关人员当场改正并督促落实：

（一）违章进入生产、储存易燃易爆危险物品场所的；

（二）违章使用明火作业或者在具有火灾、爆炸危险的场所吸烟、使用明火等违反禁令的；

（三）将安全出口上锁、遮挡，或者占用、堆放物品影响疏散通道畅通的；

（四）消火栓、灭火器材被遮挡影响使用或者被挪作他用的；

（五）常闭式防火门处于开启状态，防火卷帘下堆放物品影响使用的；

（六）消防设施管理、值班人员和防火巡查人员脱岗的；

（七）违章关闭消防设施、切断消防电源的；

（八）其他可以当场改正的行为。

违反前款规定的情况以及改正情况应当有记录并存档备查。

第三十二条 对不能当场改正的火灾隐患，消防工作归口管理职能部门或者专兼职消防管理人员应当根据本单位的管理分工，及时将存在的火灾隐患向单位的消防安全管理人或者消防安全责任人报告，提出整改方案。消防安全管理人或者消防安全责任人应当确定整改的措施、期限以及负责整改的部门、人员，并落实整改资金。

在火灾隐患未消除之前，单位应当落实防范措施，保障消防安全。不能确保消防安全，随时可能引发火灾或者一旦发生火灾将严重危及人身安全的，应当将危险部位停产停业整改。

第三十三条 火灾隐患整改完毕，负责整改的部门或者人员应当将整改情况记录报送消防安全责任人或者消防安全管理人签字确认后存档备查。

第三十四条 对于涉及城市规划布局而不能自身解决的重大火灾隐患，以及机关、团体、事业单位确无能力解决的重大火灾隐患，单位应当提出解决方案并及时向其上级主管部门或者当地人民政府报告。

第三十五条 对公安消防机构责令限期改正的火灾隐患，单位应当在规定的期限内改正并写出火灾隐患整改复函，报送公安消防机构。

第六章 消防安全宣传教育和培训

第三十六条 单位应当通过多种形式开展经常性的消防安全宣传教育。消防安全重点单位对每名员工应当至少每年进行一次消防安全培训。宣传教育和培训内容应当包括：

（一）有关消防法规、消防安全制度和保障消防安全的操作规程；

（二）本单位、本岗位的火灾危险性和防火措施；

（三）有关消防设施的性能、灭火器材的使用方法；

（四）报火警、扑救初起火灾以及自救逃生的知识和技能。

公众聚集场所对员工的消防安全培训应当至少每半年进行一次，培训的内容还应当包括组织、引导在场群众疏散的知识和技能。

单位应当组织新上岗和进入新岗位的员工进行上岗前的消防安全培训。

第三十七条 公众聚集场所在营业、活动期间，应当通过张贴图画、广播、闭路电视等向公众宣传防火、灭火、疏散逃生等常识。

学校、幼儿园应当通过寓教于乐等多种形式对学生和幼儿进行消防安全常识教育。

第三十八条 下列人员应当接受消防安全专门培训：

（一）单位的消防安全责任人、消防安全管理人；

（二）专、兼职消防管理人员；

（三）消防控制室的值班、操作人员；

（四）其他依照规定应当接受消防安全专门培训的人员。

前款规定中的第（三）项人员应当持证上岗。

第七章 灭火、应急疏散预案和演练

第三十九条 消防安全重点单位制订的灭火和应急疏散预案应当包括下列内容：

（一）组织机构，包括：灭火行动组、通信联络组、疏散引导组、安全防护救护组；

（二）报警和接警处置程序；

（三）应急疏散的组织程序和措施；

（四）扑救初起火灾的程序和措施；

（五）通信联络、安全防护救护的程序和措施。

第四十条 消防安全重点单位应当按照灭火和应急疏散预案，至少每半年进行一次演练，并结合实际，不断完善预案。其他单位应当结合本单位实际，参照制订相应的应急方案，至少每年组织一次演练。

消防演练时，应当设置明显标识并事先告知演练范围内的人员。

第八章 消防档案

第四十一条 消防安全重点单位应当建立健全消防档案。消防档案应当包括消防安全基本情况和消防安全管理情况。消防档案应当翔实，全面

反映单位消防工作的基本情况，并附有必要的图表，根据情况变化及时更新。

单位应当对消防档案统一保管、备查。

第四十二条 消防安全基本情况应当包括以下内容：

（一）单位基本概况和消防安全重点部位情况；

（二）建筑物或者场所施工、使用或者开业前的消防设计审核、消防验收以及消防安全检查的文件、资料；

（三）消防管理组织机构和各级消防安全责任人；

（四）消防安全制度；

（五）消防设施、灭火器材情况；

（六）专职消防队、义务消防队人员及其消防装备配备情况；

（七）与消防安全有关的重点工种人员情况；

（八）新增消防产品、防火材料的合格证明材料；

（九）灭火和应急疏散预案。

第四十三条 消防安全管理情况应当包括以下内容：

（一）公安消防机构填发的各种法律文书；

（二）消防设施定期检查记录、自动消防设施全面检查测试的报告以及维修保养的记录；

（三）火灾隐患及其整改情况记录；

（四）防火检查、巡查记录；

（五）有关燃气、电气设备检测（包括防雷、防静电）等记录资料；

（六）消防安全培训记录；

（七）灭火和应急疏散预案的演练记录；

（八）火灾情况记录；

（九）消防奖惩情况记录。

前款规定中的第（二）、（三）、（四）、（五）项记录，应当记明检查的人员、时间、部位、内容、发现的火灾隐患以及处理措施等；第

（六）项记录，应当记明培训的时间、参加人员、内容等；第（七）项记录，应当记明演练的时间、地点、内容、参加部门以及人员等。

第四十四条 其他单位应当将本单位的基本概况、公安消防机构填发的各种法律文书、与消防工作有关的材料和记录等统一保管备查。

第九章 奖惩

第四十五条 单位应当将消防安全工作纳入内部检查、考核、评比内容。对在消防安全工作中成绩突出的部门（班组）和个人，单位应当给予表彰奖励。对未依法履行消防安全职责或者违反单位消防安全制度的行为，应当依照有关规定对责任人员给予行政纪律处分或者其他处理。

第四十六条 违反本规定，依法应当给予行政处罚的，依照有关法律、法规予以处罚；构成犯罪的，依法追究刑事责任。

第十章 附则

第四十七条 公安消防机构对本规定的执行情况依法实施监督，并对自身滥用职权、玩忽职守、徇私舞弊的行为承担法律责任。

第四十八条 规定自2002年5月1日起施行。本规定施行以前公安部发布的规章中的有关规定与本规定不一致的，以本规定为准。

第二部分

物业服务企业

消防安全检查

第一章　物业服务企业主要火灾风险

物业服务企业，是指依法成立、具备专门资质并具有独立企业法人地位，依据物业服务合同从事物业管理相关活动的经济实体。

第一节　起火风险

一、明火源风险

1. 卧床吸烟、酒后吸烟，随意丢弃烟头。

2. 生火做饭、烧水和使用微波炉期间无人看守，外出时未关火断气。

3. 打火机、火柴等点火器具随意放置，在阳光或高温物体周边长时间暴晒和热辐射，小孩随意拿取点火玩耍。

4. 室内点蜡烛、焚香、烧纸等使用明火行为。

5. 节日期间在禁止区域、场所内燃放烟花爆竹，施放孔明灯。

6. 室内使用液化石油气罐、电磁炉、电饭煲、微波炉、"热得快"等生火做饭、热饭、热水。

7. 在走廊、楼道、地下室等公共区域使用液化石油气罐生火做饭。

8. 燃气灶具、液化石油气罐质量不合格及软管、阀门等配件老化脱落引发气体泄漏。

9. 在没有安全防护的情况下进行切割、焊接、防水施工等动火作业。

10. 明火作业人员无证操作或违反操作规程，超过规定时间和范围动用明火。

二、电气火灾风险

1. 除冰箱等必须通电的电器外，在人员长时间离开时未进行关机断电，使其长时间通电过热或发生故障；手机、充电宝等电子设备长时间充电或边充电、边使用的行为。

2. 电源插头与电源插座接触不实，固定插座松动。空调、电风扇、饮水机、电热水器、照明灯具、电脑、插座等电器设备超负荷使用、超年限使用，以及长时间通电、不断电。

3. 电线、移动式插座在被褥上或周边拉设、放置；电吹风、卷发棒、电熨斗使用后未冷却直接放在衣物、床面等可燃物上。

4. 高层建筑电器设备数量多、功率大，一旦使用不当，容易因为局部过载、短路等而引起火灾。有的电气线路乱拉乱接或敷设不符合规范，电器设备容量负荷超标或安装不规范。燃气管线、燃气用具的敷设、安装等不符合相关安全技术标准，厨房油烟道清理不及时。

5. 选用和购买非正规厂家生产或没有质量合格认证的插座、充电器、电线、电褥子、电动自行车、电暖气、电炉子等电器产品。

6. 电动车大多在室内停放和充电，还有"飞线充电"，有的甚至停放在走道、楼梯间等公共区域，由于电动车车体大部分为易燃可燃材料，一旦起火，燃烧速度快，并产生大量有毒烟气，人员逃生困难，极易造成伤亡。

三、可燃物风险

1. 违规采用易燃可燃外保温材料，有的外墙外保温防护层破损开裂、脱落，未将保温材料完全包覆，还有的受制于技术手段，难以判定外保温材料使用情况、使用年限以及是否存在性能退化等问题。冬春期间，燃放烟花爆竹未避开高层建筑可燃外保温侧面或者屋顶，易引燃破损的可燃外保温材料，发生立体燃烧，导致群死群伤火灾。

建筑设计防火规范GB 50016-2014（2018年版）第6.7.1条规定建筑的内、外保温系统，宜采用燃烧性能为A级的保温材料，不宜采用B$_2$级保温材料，严禁采用B3级保温材料。（A级：不燃材料，B1级：难燃材料，B2级：可燃材料，B3级：易燃材料）。

2. 建筑垃圾、可燃杂物未及时清理，随意堆放在屋顶、楼梯间、疏散走道等公共区域。

3. 使用电驱蚊器、电热毯、电热器、"小太阳"等电器设备驱蚊、取暖；将衣物、鞋袜放置在电暖器、"小太阳"等取暖设备上或周边烘烤。

4. 阳台、窗外、床铺下堆积存放衣物、纸张、报刊、书籍等易燃可燃物品，以及存放汽油、烟花爆竹、大量酒精等易燃易爆物品。

第二节　火灾状态下人员安全疏散风险

1. 疏散通道、疏散楼梯占用、堆积杂物，未保持畅通，发生火灾容易造成人员拥堵现象。

2. 消防车通道、消防车登高操作场地设置构筑物、停车泊位、固定隔离桩等障碍物，有的在消防车通道上方、登高操作面设置妨碍消防车作业的架空管线、广告牌、装饰物、高大树木等障碍物。有的灭火救援窗被占用、圈占或封堵，标识不明显。一些建设年代久远的高层建筑，周边无法停靠和展开大型消防救援车辆。

3. 把管道井当作临时仓库，堆放可燃物品，一旦有烟头等火星掉入，容易引发火，形成"烟囱效应"，加速火势向上层蔓延，浓烟容易在楼道聚集。

4. 重视防盗，轻视火灾。窗户上安装防盗护栏，住宅小区通道上设置栏杆，造成火灾发生时无法逃生。

第三节　火灾蔓延扩大风险

1. 未按要求配备灭火器材或消防器材缺乏及损坏的，如埋压、圈占消火栓。火灾自动报警系统停用或者不能正常运行。消防水泵控制柜处于手动控制状态。自动喷水灭火系统、防火卷帘、机械防排烟等消防设施不能正常联动。消火栓、自动喷水灭火系统不能正常供水。

2. 楼梯间地上地下未分隔,应采用实体墙和乙级防火门进行分隔,并设置明显标志。防火隔墙、防火卷帘、防火门等防火分隔设施缺失或者损坏。楼梯间、前室常闭式防火门常开。

3. 门窗孔洞、竖向管道井每层楼板处封堵不严密或者未封堵。

4. 物业服务企业与相邻单位之间未建立应急联动机制,场所发生火灾或所在建筑其他部位发生火灾,互相不掌握情况,导致火灾蔓延,无法有效处置。

第四节　消防安全管理风险

1. 物业服务企业消防安全组织机构不健全,消防安全责任人、管理人不明确,日常防火检查巡查不到位,未依法履行消防安全职责。

(1)一些物业服务企业未按照合同约定,对共用消防设施进行维护管理、提供消防安全防范服务。

(2)一些多产权高层建筑尤其是商住楼和商业综合体产权关系复杂,租赁单位多,产权与使用权分离,消防安全管理责任不明确,消防安全管理存在盲区。

(3)有的消防控制室值班人员未持证上岗或者不会熟练操作消防设施设备,微型消防站队员不能及时有效处置初起火灾。

2. 物业服务企业日常管理机制不健全

(1)未定期开展建筑消防设施检测和维护保养,并完整准确记录。

(2)未定期开展防火检查巡查,并如实登记报告。

(3)未及时整改消除隐患问题,并落实安全防范措施。

3. 高层公共建筑营业期间人员集中、流动性大,有的消防宣传提示不到位，外来人员不了解所在场所的火灾危险性和疏散逃生线路；未结合建筑实际情况制订灭火和应急预案，有的员工没有经过消防安全系统专业培训，不会扑救初起火灾，紧急情况下不会组织在场人员疏散逃生。

4. 高层住宅建筑所属社区或物业单位未定期开展宣传培训，未组织疏散演练活动，导致居民安全用火用电意识差，违规使用液化气钢瓶或者对电瓶车充电，火场疏散逃生能力意识欠缺。单位检查整改隐患、扑救初起火灾、组织人员疏散、开展宣传培训能力不足。员工不了解本场所火灾危险性，不会报警、不会灭火、不会逃生。

第二章　物业服务企业消防安全检查要点

第一节　消防安全管理

一、消防档案

1. 消防档案要求

消防档案应包括消防安全基本情况和消防安全管理情况，档案内容翔实，能全面反映单位消防基本情况，并附有必要的图表，根据实际情况及时更新。

2. 消防安全基本情况档案

（1）单位基本概况和消防安全重点部位情况。

（2）消防管理组织机构和各级消防安全责任人。

（3）相关消防安全责任书和租赁合同。

（4）消防安全制度。

（5）消防设施、灭火器材情况。

（6）微型消防站人员及消防装备配备情况。

（7）与消防安全有关的重点工种人员情况。

（8）灭火和应急疏散预案。

3. 消防安全管理情况档案

（1）消防救援部门签发的各种法律文书。

（2）消防设施定期检查记录、自动消防设施检测报告（要求每年进行一次检测）、单位与具有相关资质的消防技术服务机构签订的维护保养合同以及维修保养的记录（记录要有消防技术服务机构公章和人员签字）。

（3）火灾隐患及其整改情况记录。

（4）防火检查、巡查记录。

（5）有关燃气、电气设备检测，厨房烟道清洗等工作的记录资料。

（6）消防安全培训记录。

（7）灭火和应急预案的演练记录。

二、消防安全责任制落实

1. 相关行业部门消防安全职责

物业行政主管部门负责物业消防安全管理活动的监督管理工作，并将消防安全工作纳入物业安全工作目标管理考核的内容。

街道办事处、乡镇人民政府负责本行政区域内物业消防安全管理活动的指导和监督管理工作。

居（村）民委员会应指导、推动本辖区物业的消防安全工作，组织制定防火公约，实行消防安全区域联防、多户联防制度，定期开展群众性的消防工作。物业管理行业协会应当发挥行业自律作用，制定物业消防安全管理行业公约，

督促物业服务企业遵守与物业消防安全有关的技术标准，将物业服务企业履行消防安全责任情况纳入行业诚信惩戒和项目评优范围。物业服务合同应当对消防安全责任及消防安全服务事项进行约定。物业服务企业应当依据合同履行管理区域内消防安全责任，提供消防安全防范服务。物业未委托物业服务企业管理的，由业主大会、业主委员会配合居（村）民委员会依法履行消防安全自治管理职责。对尚未选聘物业服务企业且未组建业主委员会的物业，居（村）民委员会应当组织业主、物业使用人做好消防安全工作。物业管理区域内租赁房屋的，出租人应确保出租房屋符合消防安全规定，并在订立的房屋租赁合同中明确各方的消防安全责任。承租人应在其使用范围内履行消防安全职责，出租人应对承租人履行消防安全

职责的情况进行监督前期物业服务合同、物业服务合、临时管理规约、管理规约、房屋租赁合同等应约定应明确消防安全内容。合同或规约规定不明确的，相关责任人承担主要消防安全责任，合同签订各方或规约制定方承担相应的消防安全责任。

2. 业主、物业使用人应履行消防安全职责

（1）遵守物业消防安全管理，执行业主大会和业主委员会有关消防安全管理的决定。

（2）配合物业服务企业做好消防安全工作。

（3）按照规定承担消防设施维修、更新和改造的相关费用。

（4）做好自用房屋、自用设备和场地的消防安全工作，及时消除火灾隐患。

（5）法律、法规、规章规定的其他消防安全责任。

3. 业主大会、业主委员会应履行消防安全职责

（1）督促业主、物业使用人履行消防安全职责。

（2）监督物业服务企业实施消防安全防范服务事项。

（3）支持各级主管部门、居（村）民委员会的消防安全工作，并接受其指导和监督。

（4）制订对业主、物业使用人的用电用气安全等消防安全知识宣传教育和年度消防演练计划。

（5）按照相关规定和约定，审核、列支、筹集专项维修资金用于公用消防设施的维修、更新和改造。

（6）法律、法规、规章规定的其他消防安全责任。

4. 物业服务企业应履行消防安全职责

（1）实施物业服务合同约定的消防安全防范服务事项。

（2）制定并实行逐级消防安全责任制和岗位消防安全责任制，确定各级、各岗位消防安全责任人员，制定并落实管理区域的消防安全制度和操作规程。

（3）组织对物业服务企业员工进行消防安全培训，开展消防安全宣传教育；指导、督促业主和物业使用人遵守消防安全管理规定。

（4）开展防火巡查、检查，消除火灾隐患，保障确保疏散通道、安全出口、消防车道畅通，保障消防车作业场地不被占用。

（5）对管理区域内的共用消防设施、器材以及消防安全标志进行维护管理，确保完好有效。

（6）加强公共区域电动自行车停放、充电管理。按照物业服务合同约定，在室外公共区域设置电动自行车集中停放、充电设施。

（7）组织建立微型消防站，每年至少组织一次本单位员工和居民参加的灭火和应急疏散演练。

（8）制订灭火和应急疏散预案，定期开展消防演练。

（9）落实消控制室管理制度，发现火灾及时报警，组织火灾扑救，保护火灾现场，协助火灾调查。

（10）配合负有消防监管职责的部门、居（村）民委员会和业主委员会开展消防安全工作。

（11）法律、法规、规章规定的其他消防安全责任。

5.物业服务企业人员应履行消防安全职责

（1）严格遵守物业消防安全制度和操作规程。

（2）积极参加物业服务企业组织的消防安全培训及灭火和应急疏散演练。

（3）熟知本工作场所的火灾危险性和消防安全常识，检查本岗位设施、设备、场地，发现隐患及时消除并报告。

（4）熟悉本工作场所灭火器材、消防设施及安全出口的位置。发生火灾时，应当及时报警，组织引导疏散，视情扑救火灾。

（5）指导、督促人员遵守物业消防安全管理制度，制止影响消防安全的行为。

（6）开展日常性消防安全宣传，提高业主、物业使用人的消防安全意识。

（7）法律、法规、规章规定的其他消防安全责任。

三、消防安全管理制度

1. 物业服务企业应履行消防安全工作制度

（1）物业服务企业应依照消防法律法规，结合物业管理区域的特点，建立健全各项消防安全管理制度和操作规程，并根据实际情况的变化及时修订。

（2）物业服务企业承接物业时应当对移交的房屋及其共用消防设施和相关场地进行查验，并对相关资料进行核对接收，建立消防档案。物业服务合同终止时，物业服务企业应将相关消防资料和消防档案移交给业主委员会。

（3）物业服务企业应按规定建立微型消防站，可与社区合建微型消防站，其规模、人员配备和消防装备器材配置以及工作的开展应符合相关规定。微型消防站宜与独立的物业管理办公室、安防视频监控室或消防控制室合并设置。

（4）物业服务企业对管理区域每日进行防火巡查，每月进行一次防火检查，及时消除火灾隐患，并做好防火巡查检查及处理记录。

（5）属重点单位的物业，其物业服务企业每季度至少组织一次消防安全"四个能力"建设自我评估，评估发现的问题和工作薄弱环节，要采取切实可行的措施及时整改。

（6）业主、物业使用人需要装修装饰房屋的，应当告知物业服务企业。物业服务企业应及时掌握管理区域内建筑物装饰装修和用途变更情况，并向业主、物业使用人告知消防安全禁止行为和注意事项。

（7）物业服务企业应当在物业管理区域的出入口、电梯口、防火门等处，设置提示火灾危险性、安全逃生路线、安全出口、消防设施器材使用方法的明显标志和警示标语。在消防车通道、消防车操作场地、疏散通道以及消火栓、灭火器、防火门、防火卷帘等消防设施附近，设置禁止占用、遮挡的明显标志。

（8）当消防车通道、疏散通道、消防设施等发生改变时，物业服务企业应及时更换标识、标志，在物业管理区域显著位置公告改变情况，并依法办理相关手续。

2.高层建筑消防安全管理

（1）物业服务企业应积极推行高层建筑消防安全经理人（楼长）制度。

（2）每栋高层公共建筑应当配备一名专职消防安全经理人，实行"一楼一长"管理。消防安全经理人应当履行下列消防安全职责：

①拟订年度消防工作计划，具体组织实施日常消防安全管理。

②制定消防安全制度、操作规程并检查督促落实。

③组织实施日常防火检查巡查、消防宣传教育培训和应急疏散演练。

④组织实施建筑共用消防设施、灭火器材和消防安全标志的维护保养，确保其完好有效，确保疏散通道和安全出口畅通。

⑤组织管理微型消防站。

⑥其他依法应当履行或者约定履行的消防安全职责。

（3）每栋高层住宅建筑应配备一名楼长，每一名楼长原则上仅负责一栋高层住宅建筑，确有困难的，可以"一人多栋"，但每名楼长管理的住宅建筑不应超过5栋。楼长可为兼职人员，由业主委员会、业主代表、物业服务企业管理人员或者基层消防安全网格管理员担任。楼长应当履行下列职责：

①督促业主遵守消防安全管理规约，落实消防安全制度。

②开展防火检查，督促整改火灾隐患。

③巡查疏散通道、安全出口、消防设施、消防器材，对违法行为予以劝改。

④加强电动自行车管理，对在通道、楼梯间停放、充电的行为进行劝阻。

⑤开展消防安全宣传教育，每年组织居民至少开展一次消防演练。

⑥其他依法应当履行或者约定履行的消防安全职责。

3. 重点部位防火管理

物业服务企业将员工集体宿舍、歌舞娱乐放映游艺场所、合（群）租居住用房、变配电室、锅炉房、水泵房、发电机房、消防控制中心、体育场馆、会堂、博物馆、易燃易爆化学危险物品库房等容易发生火灾、火灾容易蔓延、人员和物资集中、消防设备用房等部位确定为消防安全重点部位，并制定有针对性的消防安全保障措施。

4. 电动自行车停放充电场所消防安全管理

（1）物业服务企业应当加强电动自行车停放充电的日常管理，做好每日巡查、检查工作，督促业主、物业使用人遵守安全停放和充电制度要求。

（2）新建住宅小区应当设置电动自行车集中充电场所，已投入使用的住宅小区应当在适当位置设置电动自行车集中充电场所。集中充电场所应当符合相关的规定。

（3）业主、物业使用人应在指定区域内停放电动自行车，落实消防安全措施。物业服务企业划定的停车区域，不应影响人员疏散、消防车通行及举高消防车作业。

5. 燃气、电气消防安全管理

（1）物业内电气线路和电器设备的改造、增加、安装、维修等应由持证的电工负责，严格执行安全操作规程。每年应对电气线路和设备进行安全性能检查，必要时应委托专业机构进行电气消防安全检测。

（2）禁止擅自安装、改装、拆除燃气设施和用具、燃气管线。电器产品、燃气用具的安装、使用及其线路、管路的设计、敷设、维护保养、检测，必须符合消防技术标准和管理规定。

（3）积极推广应用智慧安全用电技术，鼓励采用电气火灾防控物联网技术。

（4）鼓励住宅内安装"住宅建筑火灾自动报警系统"。

6. 用火消防安全管理

（1）严格执行动用明火审批制度。动火作业人员应当具有相应的岗位资格，在批准的动火作业区域内动火。

（2）动火作业时，应清除作业区周围及焊渣、熔珠滴落区的可燃物，并落实现场监护人和准备好灭火器材等防范措施，严格执行有关规定。

（3）固定用火场所（设施）应落实专人负责。

7. 易燃易爆危险物品消防安全管理

（1）严格易燃易爆化学危险物品存放、使用审批制度，明确专人负责。

（2）经营、存放、使用甲、乙类火灾危险性物品的商店、作坊和储藏间，严禁附设在民用建筑内。

（3）易燃易爆化学危险物品应根据物化特性分类存放，严禁混存。

（4）燃油燃气设备的供油、供气管道应采用金属管道，应按规定在管道上设置自动和手动切断阀。

（5）地下、半地下室内严禁使用液化石油气，高层建筑严禁使用和存放瓶装液化石油气。高层民用建筑内使用燃气作为燃料时应采用管道供气，并应符合GB 50028的相关规定。

（6）严格执行烟花爆竹燃放规定，设置明确的禁止燃放烟花爆竹标志。

8. 安全疏散设施管理

（1）建筑内的安全疏散设施要设置消防标识，定期巡查检查和使用功能测试，确保齐全、完好有效。

（2）保持疏散通道、安全出口畅通，使用期间禁止将安全出口上锁，禁止遮挡、覆盖疏散指示标志。

（3）集体宿舍、合租居住用房或人员密集的公共场所的窗口、阳台不应设置影响安全疏散和施救的固定栅栏等障碍物。

（4）人员密集场所设置的平时需要控制人员随意出入的疏散用门，或设有门禁系统的居住建筑外门，应保证火灾时不需要使用钥匙等任何工具即能从内部易于打开，并应在显著位置设置标识和使用提示。

9. 建筑消防设施、器材管理

（1）物业服务企业应当加强物业管理区域内共用消防设施的维护管理，业主、物业使用人应对自用房屋、场所的消防设施进行维护管理，确保其配置齐全、完整好用。

（2）设有建筑自动消防设施的物业管理区域，物业服务企业应当与具有消防设施维护保养资质的机构签订消防设施维护保养合同，明确维护保养责任，保证自动消防设施的正常运行。

（3）共用消防设施每年至少进行一次全面检查和检测，确保完好有效。

（4）共用消防设施保修期内的维修保养等费用，由物业建设单位承担。保修期满后的日常维护保养由物业费支出，维修、更新和改造等费用，纳入共用设施设备专项维修资金开支范围。

（5）设有专项维修资金的物业，其共用消防设施严重失修，负有消防监管职责的部门出具整改通知书的，经业主委员会、物业服务企业或者相关业主依照国家和本省的规定的程序提出，房地产主管部门审查核准后，按照危及房屋安全等紧急情况的程序从专项维修资金中列支维修、更新、改造等所需费用。

（6）未按前款规定实施维修、更新、改造的，由所在地人民政府房地产主管部门组织代为维修、更新、改造，所需费用按照前款执行。

（7）没有专项维修资金或专项维修资金不足的，消防设施维修、更新和改造等费用由业主按约定承担；没有约定或约定不明确的，由街道办事处或乡镇人民政府组织业主按其所有的产权建筑面积占建筑总面积的比例承担。

（8）共用消防设施属人为损坏的，费用应当由责任人承担。

（9）属于重点单位的物业，物业服务企业要将消防设施的维护保养合同、每月维保记录、设备运行记录实时通过互联网录入社会单位消防安全户籍化管理系统。物业服务企业应加强消防器材的日常检查和保养，明确管理责任人，并建立档案。

（10）建筑消防设施维护保养的管理及技术标准应符合相关规定。

（11）消防控制室及物联网消防远程监控系统管理。

（12）消防控制室应实行每日24小时值班制度，每班不少于2人。

（13）消防控制室值班人员应持证上岗，掌握自动消防系统的操作规程和应急处置程序，能熟练操作系统，保证消防控制设备的正常运行。值班人员应严格遵守消防控制室管理制度，如实作好各类记录的填写。

（14）推广使用物联网消防远程监控系统。设有自动消防设施、智慧安全用电监测管理系统或者智能型火灾报警探测装置的物业，应当自行或者委托消防维保服务、安全监测等机构对设备进行管理。

10. 物业服务企业每年应组织业主、物业使用人至少进行一次以"正确报火警、消防设施、器材使用、扑救初起火灾和消防安全疏散"为重点的消防安全宣传培训和演练活动。

11. 物业服务企业消防宣传教育培训的情况，应做好记录，存档备查。

12. 进行电焊、气焊等具有火灾危险作业的人员和自动消防系统的操作人员，必须持证上岗，并遵守消防安全操作规程。

13. 下列人员应当接受消防安全教育培训：

（1）物业服务企业的消防安全责任人、消防安全管理人。

（2）专（兼职）消防队员。

（3）自动消防系统操作、维护、保养人员。

（4）电焊、气焊等具有火灾危险的作业人员。

（5）其他依照法律、法规规定应当接受消防安全培训的人员。

14. 物业服务企业应制订灭火和应急疏散预案

（1）物业服务企业应制订灭火和应急疏散预案，并定期演练。

（2）属重点单位的物业，物业服务企业应当按照灭火和应急疏散预案，至少每半年组织一次演练，物业服务企业员工和业主、物业使用人共同参与。其他物业的服务企业应当结合实际，制订相应的应急方案，至少每年组织一次演练。

（3）演练结束后，物业服务企业应做好记录，总结经验，并根据实际修订预案内容。

（4）火灾事故处理火灾发生后，物业服务企业、微型消防站应当立即启动灭火和应急疏散预案并报火警，组织引导在场人员的疏散，实施初起火灾的扑救。

（5）火灾扑灭后，物业服务企业、业主、物业使用人应当保护火灾现场，接受事故调查，如实提供火灾事故的情况，协助开展火灾调查，不得擅自清理火灾现场。

（6）火灾调查结束后，物业服务企业应当对火灾事故因素进行全面分析，研究制订改进对策，对有关责任者应当进行批评教育，警示全体业主、物业使用人。

第二节　微型消防站建设方面

一、人员设置

1. 人员数量设置原则上不少于6人。

2. 应结合实际设站长、队员等岗位。

3. 站长由单位消防安全管理人担任，队员由其他员工担任。

二、日常工作职责

1. 应定期组织开展业务训练，每个月至少开展一次全员拉动测试。

2. 人员应保持随时在岗在位，确保接到火警信息后能各负其责，"3分钟到场"进行处置。

3. 要具备"三知四会"能力，即知道消防设施和器材位置、知道疏散通道和出口、知道建筑布局和功能；会组织疏散人员、会扑救初起火灾、会穿戴防护装备和会操作消防器材。

4. 站长职责

（1）负责微型消防站日常管理。

（2）组织制定及落实各项管理制度和灭火应急预案。

（3）组织防火巡查。

（4）组织消防宣传教育和应急处置训练。

（5）指挥初起火灾扑救和人员疏散。

（6）对发现的火灾隐患和违法行为进行及时整改。

5. 队员职责

（1）应熟练掌握消防设施、器材的性能和操作使用方法。

（2）熟悉设施器材的设置位置和灭火应急预案内容，发生火灾时主要负责扑救初起火灾、组织人员疏散工作。

（3）日常负责防火安全巡查检查工作。

三、器材配备

应当根据本场所火灾危险性特点，每人配备手持对讲机、防毒防烟面罩等灭火、通信和个人防护器材装备，并逐层设置消防器材装备存放点。

四、火场处置流程

1. 发现火灾后，应向消防控制室报告火灾情况，并利用就近的消火栓、灭火器、消防水桶等器材扑救火灾。

2. 消防控制中心确认火警信息后，应立即启动消防应急广播等消防设施，同时报火警119，通知相关人员迅速开展应急处置工作。

3. 负责灭火工作的人员应快速前往起火点，进行灭火。

4. 负责疏散工作的人员应佩戴防毒防烟面罩，指挥、引导各楼层顾客向安全出口撤离。

5. 负责对接消防救援力量的人员应在室外将到场的消防车引向距起火点最近的安全出口处。

第三节　疏散设施

一、消防车通道

1. 消防车通道应保持畅通，不应被占用、堵塞、封闭。

2. 不应设置妨碍消防车通行的停车泊位、路桩、隔离墩、地锁等障碍物，并须设有严禁占用等标志、在地面设有标识线。

3. 消防车道靠建筑外墙一侧的边缘距离建筑外墙不宜小于5m。

4. 消防车道与建筑之间不应设置妨碍消防车操作的树木、架空管线等障碍物。

5. 消防车道的净宽度和净空高度均不应小于4m，消防车道的坡度不宜大于10%。

二、消防车登高操作场地及消防救援窗

1. 消防车登高操作场地与建筑之间不应设置妨碍消防车操作的树木、架空管线等障碍物和车库出入口。

2. 场地的长度和宽度分别不应小于15m和10m。对于建筑高度大于50m的建筑，场地的长度和宽度分别不应小于20m和10m。

3. 场地及其下面的建筑结构、管道和暗沟等，应能承受重型消防车的压力。

4. 场地应与消防车道连通，场地靠建筑外墙一侧的边缘距离建筑外墙不宜小于5m，且不应大于10m，场地的坡度不宜大于3%。

5. 建筑物与消防车登高操作场地相对应的范围内，应设置直通室外的楼梯或直通楼梯间的入口。

6. 供消防救援人员进入的窗口的净高度和净宽度均不应小于1.0m，下沿距室内地面不宜大于1.2m，间距不宜大于20m且每个防火分区不应少于2个，设置位置应与消防车登高场地相对应。窗口的玻璃应易于破碎，并应

设置可在室外易于识别的明显标志。

三、安全出口及疏散楼梯

1. 安全出口数量不应少于2个，疏散门应向疏散方向开启，不能采用卷帘门、转门和侧拉门，不能上锁和封堵，应保持畅通。

2. 疏散楼梯的净宽度不应小于1.1m，其中高层公共建筑（建筑高度超过24m的公共建筑）的疏散楼梯净宽度不应小于1.2m。

3. 楼梯间内不能堆放杂物，严禁设置地毯、窗帘、KT板广告牌可燃材料。

4. 通向室外疏散楼梯的门应采用乙级防火门，应向外开启，不应正对楼梯。

第四节　消防设施器材

一、防火分隔

1. 建筑地下与地上部分防火分隔设置

检查内容

建筑的地下室（地下或半地下部分）与地上部分应在首层采用实体墙和乙级防火门将地下或半地下部分与地上部分的连通部位完全分隔（即不能直接连通），并设置明显的标志。

检查方法

现场检查楼梯间在地下层与地上层连接处是否进行有效防火分隔，即防火隔墙是否分隔到位，门是否为乙级防火门且保持完好有效。

2. 建筑住宅与非住宅部分防火分隔设置

检查内容

（1）底层或裙房为商业性质的高层住宅建筑、商住建筑，商铺与住宅建筑消防安全疏散应分开独立设置，各自具有独立的疏散楼梯、安全出口且相互之间不连通。

（2）汽车库、非机动车库与高层住宅建筑、商住建筑应采用防火墙和防火门分隔。

检查方法

现场查看分隔情况，防火隔墙是否存在门、窗、洞口，是否完全分隔。

3. 防火分隔设施

检查内容

（1）防火隔墙：防火隔墙不应损坏，不得随意开设洞口，有管道穿越的区域应封堵到位，不应有孔洞、缝隙。

（2）防火门：常闭式防火门不应处于开启状态，楼梯间、前室常闭式防火门常开的，必须立即关闭并保持常闭状态；常开式防火门不应用插销将门扇固定在开启位置。防火门的闭门器、顺序器等组件应齐全完好，防火门闭门器、顺序器损坏导致防火门不能自行关闭的，必须及时修复。

（3）疏散走道两侧隔墙应从楼地面基层隔断至梁、楼板或屋面板的底面基层。

（4）防火卷帘：应通过手动、自动的方式测试防火卷帘是否按原设计的逻辑关系动作。

（5）防火窗：其外观应完好无损、安装牢固；手动启动活动式防火窗的窗扇启闭控制装置，窗扇应能灵活开启，并完全关闭；有密封要求的防火窗窗框密封槽内镶嵌的防火密封件应牢固、完好。

检查方法

对建筑内防火隔墙、防火卷帘、防火门、防火窗进行逐个排查，对照标准查看损坏情况。

可通过吊顶检修口查看防火隔墙分隔情况。

4. 防火封堵设置

检查内容

（1）建筑内的电缆井、管道井应在每层楼板处采用不低于楼板耐火极限的不燃材料或防火封堵材料封堵，即采用防火泥、防火包、防火隔板等材料对电缆井、管道井内桥架或管道产生的孔隙进行封堵，阻止火灾在管井内蔓延。

（2）建筑内的电缆井、管道井与房间、走道等相连通的孔隙应采用防火封堵材料封堵。

检查方法

现场检查电缆井、管道井封堵是否到位，如存在间隙则封堵不严密。应携带螺丝刀等工具现场打开桥架进行查看。

5. 建筑内规模租赁住宿场所

检查内容

（1）建筑内存在的"日租房"等15间以上的规模租赁住宿场所，其消防设计按照规范中"旅馆"的消防技术标准执行，必须严格按照标准要求进行设计、审批，落实消防安全管理人员，做好消防安全管理工作，办理开业前检查审批手续，并在公安部门、高层建筑物业管理单位进行备案。

（2）宿舍、公寓等非住宅类居住建筑的防火要求，应符合公共建筑的规定。

检查方法

高层建筑内规模租赁住宿场所、宿舍、公寓，可查阅相关审批手续、图纸，排查是否按照相应标准进行设计施工，是否办理消防安全开业前检查手续，是否履行消防安全岗位职责。

二、消防设施

1. 火灾自动报警系统

检查内容

（1）火灾探测器，火灾探测器周围15m内无送风口等妨碍探测器及时报警的障碍物。火灾探测器探测到烟气后，向消防控制室火灾报警控制器主机发出火警信号。

（2）手动火灾报警按钮。按下手动火灾报警按钮后，向消防控制室火灾报警控制器主机发出火警信号。

（3）火灾报警控制器。火灾报警控制器各元件应能正常显示，无故障、屏蔽显示，主备电源应能自动切换。

（4）室内消火栓应确保水带、水枪、卡口等配件完整，水压正常。

（5）应急照明灯、疏散指示标志应保证外观完好，断电后能够正常使用。

（6）干粉灭火器应保证2具一组放置，压力正常。

（7）管理员及租住人员应能够做到会检查、使用、维护、保养消防设施，会使用基本的灭火器、消火栓，能看懂疏散指示标志，会检查应急照明灯。

检查方法

（1）核对火灾探测器点位是否与图纸一致。

（2）采用蚊香或香烟向感烟探测器或独立式感烟探测器施放烟气，感烟探测器报警确认灯是否常亮或独立式感烟探测器是否发出报警蜂鸣声，如感烟探测器报警确认灯常亮或独立式感烟探测器发出报警蜂鸣声，证明报警系统运行正常。

（3）现场查看末端试水装置压力表，如显示有读数且读数大于0.05，证明喷淋系统管网有水，如显示读数为0，证明喷淋管网无水。

（4）现场查看室内消火栓水枪、水带、卡口、阀门等组件是否有缺失。

（5）按下应急照明灯、疏散指示标志试验按钮，如能正常发光指示，证明设施正常完好。

（6）现场查看干粉灭火器瓶体完好，2具一组放置在便于使用的地方，罐体内部药剂灌装时间在2年之内，压力表指针指向绿色区域，证明干粉灭火器完好有效。

2. 建筑消防设施联动情况

检查内容

（1）自动喷水灭火系统：消防水泵接到火警确认信号应立即启泵并正

常工作。

（2）防火卷帘：防火卷帘应完好，接到下降信号后，应能正常启动降落；电动故障时，应能手动下降。

（3）机械防排烟系统：接到火灾确认信号能正常启动。

检查方法

（1）自动喷水灭火系统

打开湿式报警阀试水阀门，消防水泵应能自动启动。消防联动控制器的手动控制盘应能直接启、停消防水泵。

（2）防火卷帘

检查导轨内是否有妨碍卷帘下降的障碍物；手动机构是否有效；无机纤维复合防火卷帘特别注意其折叠部位是否存在开线等不完整情形。

（3）机械防烟系统

同一防火分区内的火灾探测器或手动火灾报警按钮等累计两个报警信号触发送风口和送风机启动。

（4）机械排烟系统

同一防烟分区内的两只独立的火灾探测器的报警信号，触发排烟口、排烟窗和排烟阀开启，同时停止该防烟分区的空气调节系统。

第五节　重点部位管理方面

一、材料装修装饰材料

1.建筑内装修装饰材料

检查内容

（1）建筑内部各部位装修材料的燃烧性能等级应符合《建筑内部装修设计防火规范》（GB 50222-2017）5.2.1条至5.2.4条的规定1。一般检查中，应逐项确认顶棚装修材料为燃烧性能为A级（不燃）材料，墙面、地面、隔断、窗帘等部位装修材料均为不低于B_1级（难燃）材料。

（2）建筑内疏散楼梯间和前室、消防水泵房、配电室、通风和空调机房的顶棚、墙面和地面均应采用A级（不燃）材料装修。

（3）高层建筑内严禁使用芯材为可燃材料（聚氨酯泡沫等）的彩钢板搭建功能用房。

A级：不燃材料，如花岗石、大理石、水磨石、水泥制品、混凝土制品、石膏板、石灰制品、黏土制品、玻璃、瓷砖、马赛克、钢铁、铝、铜合金等。

B₁级：难燃材料，离开火源后自动熄灭，如纸面石膏板、纤维石膏板、水泥刨花板、矿棉装饰吸声板、玻璃棉装饰吸声板、珍珠岩装饰吸声板、难燃胶合板、难燃中密度纤维板、岩棉装饰板、难燃木材、铝箔复合材料、难燃酚醛胶合板、铝箔玻璃钢复合材料、钢复合材料、硬PVC塑料地板、水泥刨花板、水泥木丝板、氯丁橡胶地板、经阻燃处理的各类难燃织物等。

检查方法

（1）查阅装修工程档案。

（2）现场查看时，可取样使用打火机燃烧测试（点火斜向45°，火焰高度不超过2cm，底边点火15~30秒），如打火机火焰离开可燃物，该可燃物可持续燃烧，可初步判断为易燃可燃材料。

（3）现场检查未确认是否为易燃可燃材料时，可取样送至专门机构检测。

2.电气线路敷设、电器配件设置

检查内容

（1）建筑内部的配电箱、插座等不应直接安装在易燃可燃的装修材料（B₂级及以下）上。

（2）电气线路敷设在有可燃物的闷顶、吊顶内时，应采取穿金属导管或采用封闭式金属槽盒等防火保护措施。

（3）电气线路穿越具有聚氨酯材料的保温层时，应采取穿金属导管等防火保护措施。

检查方法

（1）查阅装修档案，确定配电箱、控制面板、接线盒、开关、插座等部位的装修材料性能。

（2）通过设备检修口查看吊顶内的电气线路是否按规定穿管保护。

二、易燃易爆危险品

1. 易燃易爆危险品

检查内容

（1）高层民用建筑内严禁存放易燃易爆危险品（煤气罐等）。当高层建筑内使用燃气做燃料时，应采用管道供气。

（2）普通建筑液化气罐应集中存储在公共厨房内，同一时间存储数量不应大于住户一个月正常使用量。

（3）液化气罐与灶具之间应保证1.5m间距，不应紧贴放置。

（4）易燃易爆危险品存放场所内应保证空气流通，严禁液化气瓶与电炉、煤炉混合使用。

检查方法

实地查看使用、储存易燃易爆危险品现状。

2. 易燃可燃物品存放

检查内容

（1）建筑内违规堆放易燃可燃物品，可能引发火灾造成人员伤亡的，必须及时清理。

（2）建筑内附属库房应与设计时一致，采取防火隔墙、防火门等防火分隔措施，并应确保该附属库房内的建筑消防设施完整好用。

检查方法

（1）实地查看易燃可燃物品存放情况。

（2）查阅附属库房施工档案，现场检查自动喷水灭火系统、火灾自动报警系统、室内消火栓等消防设施完好情况。

三、电动自行车

1. 电动车停放充电

检查内容

（1）高层建筑内电动自行车停放在建筑门厅、楼梯间、共用走道等室内公共区域的，必须及时搬离、清理。高层建筑管理单位应在建筑外设置电动自行车集中停放充电场所，并做好宣传告知工作，严禁电动自行车进入高层建筑内部。

（2）集中停放及充电区域如设置在建筑物内，应与建筑其他功能部位设置实体墙、防火门分隔，严禁在建筑门厅、楼梯间、共用走道等室内公共区域及房间内存放及充电。

（3）电动自行车采取"飞线"、入户等方式违规充电的，必须及时纠正，加强教育警示。

检查方法

（1）加强日常巡查，物业服务企业应落实网格化巡查工作，发现将电动车停放公共区域或拆卸电池带入户内充电的行为应进行劝阻制止，对不听劝阻的及时报告派出所。

（2）物业服务企业应开展防范常识宣传和典型火灾案例警示教育，与居民、员工签订电动自行车禁止入楼充电协议。

2. 电动自行车集中停放充电场所设置

检查内容

高层建筑内设置电动自行车集中停放场所与建筑其他功能部位应设置实体墙分隔，分隔墙上确需开门时，应为防火门。集中停放充电区域应明确管理单位和管理人员，电动自行车停放充电场所不应存放易燃、可燃物品。

检查方法

（1）检查墙体是否为不燃材料，是否完整牢固。

（2）检查防火门上粘贴的标牌，查看是否为防火门。

（3）现场检查电动自行车停放充电场所，除用作电动自行车停放和充电外，不应堆放杂物，用作储藏间等其他用途等。

四、重点岗位人员

1. 建筑消防安全责任人、管理人

检查内容

（1）公共建筑各产权单位、委托管理单位以及各经营主体、使用单位应签订消防安全责任分工协议，依法明确各自应承担的消防安全责任，确定消防安全责任人、管理人。建筑应按照标准化管理要求确定第一责任岗、管理人岗、楼层责任岗等岗位人员并在相应醒目位置予以公示。

（2）建筑管理单位应作出整改消除突出风险承诺的，必须在醒目位置向社会公开承诺本场所不存在突出风险或者已落实防范措施。

检查方法

（1）查看建筑管理单位消防安全台账，检查是否以文件形式明确消防安全责任人、管理人及其职责。

（2）对于建筑消防安全责任人、管理人及其职责近期重新发文明确的，现场检查是否在门厅等醒目位置进行公示。

（3）现场检查是否在门厅等醒目位置张贴向社会公开承诺本场所不存在突出风险或已落实防范措施的公告，并要注明96119举报投诉热线，接受群众监督。

2. 消防控制室值班人员

检查内容

建筑是否确定控制室值班岗，消防控制室值班人员是否落实值班制度，是否持证上岗，在紧急情况下是否能熟练操作设施设备。

检查方法

（1）现场检查消防控制室是否落实24小时值班、每班不少于2人的值班制度，并如实做好值班记录等，有条件的可以调阅相应视频监控资料核查。

（2）现场检查值班人员是否取得消防职业资格证书。

（3）抽查值班人员是否能在紧急情况下能熟练操作设施设备，至少做到接到火灾报警信号后，立即以最快方式确认火灾，立即确认火灾报警联动控制器处于自动状态，同时拨打119报警，立即启动单位内部应急疏散和灭火预案，并报告单位负责人。

3. 微型消防站队员

检查内容

建筑是否确定应急处置岗。应急处置岗位微型消防站队员能否及时有效处置初起火灾，是否编制灭火和应急疏散预案，是否定期组织开展针对性训练、实战化演练，是否达到"三知四会一联通"要求，能够及时有效处置初起火灾。

检查方法

（1）现场随机拉动微型消防站人员，检查是否能够三分钟到场处置。

（2）抽查微型消防站人员是否熟知"三知四会一联通"要求，即"知道消防设施和器材位置、知道疏散通道和出口、知道建筑布局和功能；会组织疏散人员、会扑救初期火灾、会穿戴防护装备、会操作消防器材；微型消防站队员要与就近消防队和本单位负责消防安全的人员保持通信联络畅通。"

五、宣传教育培训

1. 建筑消防宣传培训

检查内容

建筑管理单位是否确定宣传培训岗。是否落实单位消防安全培训制度，制订单位消防安全培训计划，开展岗前培训和消防安全教育。公共建筑在营业、活动期间，是否通过挂图、广播、大屏幕等媒介向公众宣传防火、灭火、疏散逃生等常识；住宅建筑是否组织对楼内居民开展消防常识宣传、教育，使其掌握一定的灭火和疏散逃生技巧。

检查方法

（1）检查相应培训台账，查看是否落实岗前培训和每半年至少一次的消防安全教育工作。

（2）现场抽查提问员工消防安全常识。员工必须了解本建筑火灾危险性，会报警、会灭火、会逃生。有条件的建筑管理单位可将各岗位人员相应消防安全知识掌握情况纳入绩效考核体系。

2. 消防培训预案演练

检查内容

属于重点单位的建筑是否落实消防培训预案演练制度，是否按照培训实操要求，开展灭火和应急疏散演练等工作，有条件的可邀请属地消防救援机构参与。

检查方法

（1）查阅单位消防教育培训演练台账，灭火和应急预案制作及演练台账，是否做到每半年一次。

（2）现场抽查提问员工对岗位防火灭火措施及建筑消防设施、灭火器材的操作使用能力。

第三章　物业服务企业检查步骤办法

行业部门消防安全检查步骤办法

序号	项目	检查内容	检查方式
1	建筑物、场所合法性检查	应当检查建设工程消防设计审核、消防验收意见书，或者消防设计、竣工验收消防备案凭证	查看档案
2	建筑物、场所使用情况	检查主要对照建设工程消防验收意见书、竣工验收消防备案凭证载明的使用性质，核对当前建筑物或者场所的使用情况是否相符	实地检查
3	消防安全责任落实情况	是否落实逐级消防安全责任制和岗位消防安全责任制，消防安全责任人、消防安全管理人以及各级、各岗位的消防安全责任人是否明确并落实责任。多产权、多使用权建筑是否明确消防安全责任	查看档案
4	消防安全制度检查	主要检查单位是否建立用火、用电、用油、用气安全管理制度，防火检查、巡查制度及火灾隐患整改制度，消防设施、器材维护管理制度，电气线路、燃气管路维护保养和检测制度，员工消防安全教育培训制度，灭火和应急疏散预案演练制度等	查看档案

续表

序号	项目	检查内容	检查方式
5	消防档案检查	消防安全重点单位按要求建立健全消防档案，内容翔实，能全面反映单位消防基本情况和工作状况，并根据情况变化及时更新；其他单位将单位基本概况、消防部门填发的各种法律文书、与消防工作有关的材料和记录等统一保管备查	查看档案
6	防火检查、巡查情况检查	主要检查单位开展防火检查的记录，查看检查时间、内容和整改火灾隐患情况是否符合有关规定。对消防安全重点单位开展防火巡查情况的检查，主要检查每日防火巡查记录，查看巡查的人员、内容、部位、频次是否符合有关规定。公众聚集场所在营业期间是否每2小时开展一次防火巡查，医院、养老院、寄宿制学校、托儿所、幼儿园是否开展夜间巡查	查看档案
7	消防安全教育培训检查	要求自动消防系统操作人员对自动消防系统进行操作，查看操作是否熟练	实地检查
		检查职工岗前消防安全培训和定期组织消防安全培训记录；随机抽问职工，检查职工是否掌握查改本岗位火灾隐患、扑救初起火灾、疏散逃生的知识和技能。对人员密集场所的职工，还应当抽查引导人员疏散的知识和技能	查看档案现场提问
8	灭火应急疏散预案检查	检查灭火和应急疏散预案是否有组织机构，火情报告及处置程序，人员疏散组织程序及措施，扑救初起火灾程序及措施，通信联络、安全防护救护程序及措施等内容，查看单位组织消防演练记录	查看档案
		随机设定火情，要求单位组织灭火和应急疏散演练，检查预案组织实施情况。对属于人员密集场所的消防安全重点单位，检查承担灭火和组织疏散任务的人员确定情况及熟悉预案情况	实地检查

序号	项目	检查内容	检查方式
9	用火用电用气及装修材料管控	社会单位的电气焊工、电工、危险化学物品管理人员应当持证上岗	查看档案
		营业时间严禁动火作业，动火作业前应办理动火审批手续	查看档案实地检查
		电气线路敷设、电气设备安装维修应由具备相应职业资格人员进行操作	查看档案
		建筑内电线应规范架接，安装短路保护开关和防漏电开关，没有乱拉乱接电线	实地检查
		是否存在电动车违规充电停放行为	实地检查
		每日营业结束时应当切断营业场所内的非必要电源	实地检查
		每月应定期清洗厨房油烟管道	查看档案实地检查
		内部装修施工不得擅自改变防火分隔、安全出口数量、宽度和消防设施，不得降低装修材料燃烧性能等级要求	实地检查
		严禁采用泡沫夹芯板、可燃彩钢板加建、搭建	实地检查
10	微型消防站	微型消防站每班人员不应少于6人，并且每月应定期开展半天灭火救援训练，熟练掌握扑救初期火灾能力，随时做好应急出动准备，达到1分钟到场确认，3分钟到场扑救标准	查看档案实地检查
11	安全疏散	根据被检查单位建筑层数和面积，现场全数检查或抽查疏散通道、安全出口是否畅通	实地检查
		抽查封闭楼梯、防烟楼梯及其前室的防火门常闭状态及自闭功能情况；平时需要控制人员随意出入的疏散门不用任何工具能否从内部开启，是否有明显标识和使用提示；常开防火门的启闭状态在消防控制室的显示情况；在不同楼层或防火分区至少抽查3处疏散指示标志、应急照明是否完好有效	实地检查

续表

序号	项目	检查内容	检查方式
12	建筑防火和防火分隔	防火间距、消防车通道是否符合要求	实地检查
		人员密集场所门窗上是否设置影响逃生和灭火救援的障碍物	实地检查
		设置在建筑内厨房的门是否与公共部位有防火分隔，厨房的门窗是否设为乙级防火门窗	实地检查
		防火卷帘下方是否有障碍物。自动、手动启动防火卷帘，卷帘能否下落至地板面，反馈信号是否正确	实地检查
		是否按规定安装防火门，防火门有无损坏，闭门器是否完好	实地检查
13	消防控制室	消防控制室值班人员应实行24小时不间断值班制度，每班不应小于2人，且应持有相应的消防职业资格证书，并应当熟练掌握建筑基本情况、消防设施设置情况、消防设施设备操作规程和火灾、故障应急处置程序和要求，如实填写消防控制室值班记录表	查看档案实地检查
		在消防控制室检查自动消防设施运行情况，主要测试火灾自动报警系统、自动灭火系统、消火栓系统、防排烟系统、防火卷帘和联动控制设备的运行情况，测试消防电话通话情况。在消防水泵房启、停消防水泵，测试运行情况	实地检查
14	消防设施、器材	社会单位应委托具备相应从业条件的消防技术服务机构每月对建筑消防设施进行一次维护保养。每年对建筑消防设施进行一次全面检测	查看档案
		检查火灾自动报警系统：选择不同楼层或者防火分区进行抽查。对抽查到的楼层或者防火分区，至少抽查3个探测器进行火灾报警、故障报警、火灾优先功能试验，至少抽查一处手动报警器进行动作试验，核查消防控制室控制设备对报警、故障信号的显示情况，联动控制设施动作显示情况；至少抽查一处消防电话插孔，测试通话情况	实地检查

序号	项目	检查内容	检查方式
14	消防设施、器材	检查自动喷水灭火系统：检查每个湿式报警阀，查看报警阀主件是否完整，前后阀门的开启状态，进行放水测试，核查压力开关和水力警铃报警情况；在每个湿式报警阀控制范围的最不利点进行末端试水，检查水压和流量情况，核查消防控制室的信号显示和消防水泵的联动启动情况	实地检查
		检查气体灭火系统：检查气瓶间的气瓶重量、压力显示以及开关装置开启情况	实地检查
		检查泡沫灭火系统：检查泡沫泵房，启动水泵；检查泡沫液种类、数量及有效期；检查泡沫产生设施工作运行状态	实地检查
		检查防排烟系统：用自动和手动方式启动风机，抽查送风口、排烟口开启情况，核查消防控制室的信号显示情况	实地检查
		检查防火卷帘：至少抽查一个楼层或者一个防火分区的卷帘门，对自动和手动方式进行启动、停止测试，核查消防控制室的信号显示情况	实地检查
		检查室内消火栓：在每个分区的最不利点抽查一处室内消火栓进行放水试验，检查水压和流量情况，按启泵按钮，核查消防控制室启泵信号显示情况	实地检查
		检查室外消火栓：至少抽查一处室外消火栓进行放水试验，检查水压和水量情况	实地检查
		检查水泵接合器：查看标识的供水系统类型及供水范围等情况	实地检查
		检查消防水池：查看消防水池、消防水箱储水情况，消防水箱出水管阀门开启状态	实地检查
		灭火器：至少抽查3个点配备的灭火器，检查灭火器的选型、压力情况	实地检查
		消防设施、器材应当设置醒目的标识，并用文字或图例标明操作使用方法；主要消防设施设备上应当张贴记载维护保养、检测情况的卡片或记录	实地检查

序号	项目	检查内容	检查方式
15	消防安全重点部位	是否将容易发生火灾、一旦发生火灾可能严重危及人身和财产安全以及对消防安全有重大影响的部位确定为消防安全重点部位，设置明显的防火标志，实行严格管理	实地检查
		是否明确消防安全管理的责任部门和责任人，配备必要的灭火器材、装备和个人防护器材，制定和完善事故应急处置操作程序	查看档案实地检查
		核查人员在岗在位情况	实地检查

社会单位自检自查步骤办法

序号	项目	检查内容	自改措施	检查方式
1	消防安全责任落实情况	是否落实逐级消防安全责任制和岗位消防安全责任制	按要求整改	查看档案现场提问
		消防安全责任人、消防安全管理人以及各级、各岗位的消防安全责任人是否明确并落实责任	将消防安全工作职责落实到每个岗位	查看档案现场提问
2	消防安全管理制度规程	社会单位应按照国家有关规定，结合本单位的特点，建立健全各项消防安全制度和保障消防安全的操作规程，并公布执行。单位的消防安全制度主要包括以下内容： 1.消防安全教育、培训制度 2.防火巡查、检查制度 3.安全疏散设施管理制度 4.消防（控制室）值班制度 5.消防设施、器材维护管理制度 6.火灾隐患整改制度 7.用火用电安全管理制度 8.易燃易爆危险物品和场所防火爆制度 9.专职、义务消防队和微型消防站的组织管理制度 10.灭火和应急疏散预案演练制度 11.燃气和电器设备的检查和管理制度 12.消防安全工作考评和奖惩制度 13.其他必要的消防安全内容	按要求制定各项消防安全管理制度	查看档案

序号	项目	检查内容	自改措施	检查方式
3	消防档案工作	消防安全重点单位按要求建立健全消防档案，内容翔实，能全面反映单位消防基本情况和工作状况，并根据情况变化及时更新；其他单位将单位基本概况、消防部门填发的各种法律文书、与消防工作有关的材料和记录等统一保管备查	按要求整改	查看档案
4	防火巡查检查	社会单位应按本行业系统消防安全标准化管理要求，每天开展防火巡查，并强化夜间巡查；每月应至少组织一次防火检查，并应正确填写巡查和检查记录表	严格按照规定要求开展巡查检查工作；正确填写巡查和检查记录	查看档案
		对发现的火灾隐患进行登记并跟踪落实整改到位，确保疏散通道、安全出口、消防车道保持畅通	立即清理疏散通道、安全出口、消防车道障碍物	查看档案
5	消防安全培训和应急疏散演练	所有从业员工应当进行上岗前消防培训。消防安全重点单位对每名员工应当至少每年进行一次消防安全培训，公众聚集场所对员工的消防安全培训应当至少每半年一次，其他单位也应当定期组织开展消防安全培训	组织新员工上岗前消防培训；组织全体职员开展消防培训	查看档案
		消防安全重点单位应当按照灭火和应急疏散预案，至少每半年进行一次演练，并结合实际，不断完善预案。其他单位应当结合本单位实际，参照制订相应的应急方案，至少每年组织一次演练	组织全体职员开展消防演练	查看档案
6	消防安全重点部位	社会单位内的仓储库房、厨房、配电房、锅炉房、柴油发电机房、制冷机房、空调机房、冷库、电动车集中停放及充电场所等火灾危险性大的部位应确定为重点部位，并落实严格的管控防范措施	按要求确定重点部位，制定重点部位消防安全管理措施	查看档案实地检查

序号	项目	检查内容	自改措施	检查方式
7	用火用电用气及装修材料管控	社会单位的电气焊工、电工、易燃易爆危险物品管理员应当持证上岗	相关人员取得上岗证	查看档案
		营业时间严禁动火作业，动火作业前应办理动火审批手续	立即禁止动火作业，按程序办理动火手续	查看档案实地检查
		电气线路敷设、电气设备安装维修应由具备相应职业资格人员进行操作	相关人员取得上岗证	查看档案
		建筑内电线应规范架接，安装短路保护开关和防漏电开关，没有乱拉乱接电线	按要求整改	实地检查
		是否存在电动车违规充电停放行为	立即清理	实地检查
8	消防控制室	每日营业结束时应当切断营业场所内的非必要电源	立即切断营业场所内的非必要电源	实地检查
		每月应定期清洗厨房油烟管道	清洗厨房油烟管道	查看档案实地检查
		内部装修施工不得擅自改变防火分隔、安全出口数量、宽度和消防设施，不得降低装修材料燃烧性能等级要求	立即停止装修施工，整改安全隐患	实地检查
		严禁采用泡沫夹芯板、可燃彩钢板加建、搭建	一律拆除	实地检查
		消防控制室值班人员应实行24小时不间断值班制度，每班不应少2人，且应持有相应的消防职业资格证书，并应当熟练掌握建筑基本情况、消防设施设置情况、消防设施设备操作规程和火灾、故障应急处置程序和要求，如实填写消防控制室值班记录表	组织值班人员培训考证	查看档案实地检查

序号	项目	检查内容	自改措施	检查方式
9	微型消防站	微型消防站每班人员不应少于6人，并且每月应定期开展半天灭火救援训练，熟练掌握扑救初期火灾能力，随时做好应急出动准备，达到1分钟到场确认，3分钟到场扑救标准	配齐微型消防站队员和装备，开展应急处置训练	查看档案实地检查
10	安全疏散	安全出口锁闭、堵塞或者数量不足的（安全出口不少于2个）、疏散通道堵塞	安全出口锁闭立即开锁；恢复、增加安全出口	实地检查
		外窗、阳台是否设置防盗铁栅栏	开设紧急逃生口	实地检查
11	建筑防火	防火间距、消防车通道是否符合要求	按要求整改	实地检查
		人员密集场所门窗上是否设置影响逃生和灭火救援的障碍物	按要求整改	实地检查
12	防火分隔	设置在建筑内厨房的门是否与公共部位有防火分隔，厨房的门窗是否设为乙级防火门窗	厨房的门窗改为乙级防火门、窗	实地检查
		防火卷帘下方是否有障碍物。自动、手动启动防火卷帘能否下落至地板面，反馈信号是否正确	按要求整改	实地检查
		是否按规定安装防火门，防火门有无损坏，闭门器是否完好	按要求整改	实地检查
13	消防设施器材	是否委托具备相应从业条件的消防技术服务机构每月对建筑消防设施进行一次维护保养。每年对建筑消防设施进行一次全面检测	签订维保合同，落实每月消防设施维保和年度检测工作	查看台账
		是否按要求设置灭火器、室内外消火栓、疏散指示标志和应急照明等消防设施	购买灭火器、疏散指示标志和应急照明等消防设施；安装室内外消火栓	实地检查

序号	项目	检查内容	自改措施	检查方式
13	消防设施器材	是否按要求设置自动喷水灭火系统、火灾自动报警系统、应急广播等	安装自动喷水灭火系统、火灾自动报警系统、应急广播等	实地检查
		室内消火栓、喷淋的消防水泵电源控制柜开关是否设在自动状态，消防水池、高位水箱的水量是否符合要求，室内消火栓、喷淋的消防水泵手动测试启动时是否能启动	按要求整改	实地检查
		灭火器的插销、喷管、压把等部件是否正常、使用年限是否过期、压力指针是否在绿色范围	维修或重新购买	实地检查
		疏散指示标志、应急照明灯在测试或断电时是否能在一定时间内保持亮度	维修或重新购买	实地检查
		消防控制室、消防水泵房是否设置应急照明灯和消防电话	安装应急照明灯和消防电话	实地检查
		火灾自动报警主机是否设置为自动状态、报警主机是否有故障、报警主机远程启动消防泵、报警探测器上指示灯是否能定时闪烁	按要求整改	实地检查

第四章 物业服务企业消防安全管理相关文件

高层民用建筑消防安全管理规定

第一章 总则

第一条 为了加强高层民用建筑消防安全管理，预防火灾和减少火灾危害，根据《中华人民共和国消防法》等法律、行政法规和国务院有关规定，制定本规定。

第二条 本规定适用于已经建成且依法投入使用的高层民用建筑（包括高层住宅建筑和高层公共建筑）的消防安全管理。

第三条 高层民用建筑消防安全管理贯彻预防为主、防消结合的方针，实行消防安全责任制。

建筑高度超过100米的高层民用建筑应当实行更加严格的消防安全管理。

第二章 消防安全职责

第四条 高层民用建筑的业主、使用人是高层民用建筑消防安全责任主体，对高层民用建筑的消防安全负责。高层民用建筑的业主、使用人是单位的，其法定代表人或者主要负责人是本单位的消防安全责任人。

高层民用建筑的业主、使用人可以委托物业服务企业或者消防技术服务机构等专业服务单位（以下统称消防服务单位）提供消防安全服务，并应当在服务合同中约定消防安全服务的具体内容。

第五条　同一高层民用建筑有两个及以上业主、使用人的，各业主、使用人对其专有部分的消防安全负责，对共有部分的消防安全共同负责。

同一高层民用建筑有两个及以上业主、使用人的，应当共同委托物业服务企业，或者明确一个业主、使用人作为统一管理人，对共有部分的消防安全实行统一管理，协调、指导业主、使用人共同做好整栋建筑的消防安全工作，并通过书面形式约定各方消防安全责任。

第六条　高层民用建筑以承包、租赁或者委托经营、管理等形式交由承包人、承租人、经营管理人使用的，当事人在订立承包、租赁、委托管理等合同时，应当明确各方消防安全责任。委托方、出租方依照法律规定，可以对承包方、承租方、受托方的消防安全工作统一协调、管理。

实行承包、租赁或者委托经营、管理时，业主应当提供符合消防安全要求的建筑物，督促使用人加强消防安全管理。

第七条　高层公共建筑的业主单位、使用单位应当履行下列消防安全职责：

（一）遵守消防法律法规，建立和落实消防安全管理制度。

（二）明确消防安全管理机构或者消防安全管理人员。

（三）组织开展防火巡查、检查，及时消除火灾隐患。

（四）确保疏散通道、安全出口、消防车通道畅通。

（五）对建筑消防设施、器材定期进行检验、维修，确保完好有效。

（六）组织消防宣传教育培训，制订灭火和应急疏散预案，定期组织消防演练。

（七）按照规定建立专职消防队、志愿消防队（微型消防站）等消防组织。

（八）法律、法规规定的其他消防安全职责。

委托物业服务企业，或者明确统一管理人实施消防安全管理的，物业服务企业或者统一管理人应当按照约定履行前款规定的消防安全职责，业主单位、使用单位应当督促并配合物业服务企业或者统一管理人做好消安全工作。

第八条 高层公共建筑的业主、使用人、物业服务企业或者统一管理人应当明确专人担任消防安全管理人，负责整栋建筑的消防安全管理工作，并在建筑显著位置公示其姓名、联系方式和消防安全管理职责。

高层公共建筑的消防安全管理人应当履行下列消防安全管理职责：

（一）拟订年度消防工作计划，组织实施日常消防安全管理工作。

（二）组织开展防火检查、巡查和火灾隐患整改工作。

（三）组织实施对建筑共用消防设施设备的维护保养。

（四）管理专职消防队、志愿消防队（微型消防站）等消防组织。

（五）组织开展消防安全的宣传教育和培训。

（六）组织编制灭火和应急疏散综合预案并开展演练。

高层公共建筑的消防安全管理人应当具备与其职责相适应的消防安全知识和管理能力。对建筑高度超过100米的高层公共建筑，鼓励有关单位聘用相应级别的注册消防工程师或者相关工程类中级及以上专业技术职务的人员担任消防安全管理人。

第九条 高层住宅建筑的业主、使用人应当履行下列消防安全义务：

（一）遵守住宅小区防火安全公约和管理规约约定的消防安全事项。

（二）按照不动产权属证书载明的用途使用建筑。

（三）配合消防服务单位做好消防安全工作。

（四）按照法律规定承担消防服务费用以及建筑消防设施维修、更新和改造的相关费用。

（五）维护消防安全，保护消防设施，预防火灾，报告火警，成年人参加有组织的灭火工作。

（六）法律、法规规定的其他消防安全义务。

第十条 接受委托的高层住宅建筑的物业服务企业应当依法履行下列消防安全职责：

（一）落实消防安全责任，制定消防安全制度，拟订年度消防安全工作计划和组织保障方案。

（二）明确具体部门或者人员负责消防安全管理工作。

（三）对管理区域内的共用消防设施、器材和消防标志定期进行检测、维护保养，确保完好有效。

（四）组织开展防火巡查、检查，及时消除火灾隐患。

（五）保障疏散通道、安全出口、消防车通道畅通，对占用、堵塞、封闭疏散通道、安全出口、消防车通道等违规行为予以制止；制止无效的，及时报告消防救援机构等有关行政管理部门依法处理。

（六）督促业主、使用人履行消防安全义务。

（七）定期向所在住宅小区业主委员会和业主、使用人通报消防安全情况，提示消防安全风险。

（八）组织开展经常性的消防宣传教育。

（九）制订灭火和应急疏散预案，并定期组织演练。

（十）法律、法规规定和合同约定的其他消防安全职责。

第十一条　消防救援机构和其他负责消防监督检查的机构依法对高层民用建筑进行消防监督检查，督促业主、使用人、受委托的消防服务单位等落实消防安全责任；对监督检查中发现的火灾隐患，通知有关单位或者个人立即采取措施消除隐患。

消防救援机构应当加强高层民用建筑消防安全法律、法规的宣传，督促、指导有关单位做好高层民用建筑消防安全宣传教育工作。

第十二条　村民委员会、居民委员会应当依法组织制定防火安全公约，对高层民用建筑进行防火安全检查，协助人民政府和有关部门加强消防宣传教育；对老年人、未成年人、残疾人等开展有针对性的消防宣传教育，加强消防安全帮扶。

第十三条　供水、供电、供气、供热、通信、有线电视等专业运营单位依法对高层民用建筑内由其管理的设施设备消防安全负责，并定期进行检查和维护。

第三章 消防安全管理

第十四条 高层民用建筑施工期间，建设单位应当与施工单位明确施工现场的消防安全责任。施工期间应当严格落实现场防范措施，配置消防器材，指定专人监护，采取防火分隔措施，不得影响其他区域的人员安全疏散和建筑消防设施的正常使用。

高层民用建筑的业主、使用人不得擅自变更建筑使用功能、改变防火防烟分区，不得违反消防技术标准使用易燃、可燃装修装饰材料。

第十五条 高层民用建筑的业主、使用人或者物业服务企业、统一管理人应当对动用明火作业实行严格的消防安全管理，不得在具有火灾、爆炸危险的场所使用明火；因施工等特殊情况需要进行电焊、气焊等明火作业的，应当按照规定办理动火审批手续，落实现场监护人，配备消防器材，并在建筑主入口和作业现场显著位置公告。作业人员应当依法持证上岗，严格遵守消防安全规定，清除周围及下方的易燃、可燃物，采取防火隔离措施。作业完毕后，应当进行全面检查，消除遗留火种。

高层公共建筑内的商场、公共娱乐场所不得在营业期间动火施工。

高层公共建筑内应当确定禁火禁烟区域，并设置明显标志。

第十六条 高层民用建筑内电器设备的安装使用及其线路敷设、维护保养和检测应当符合消防技术标准及管理规定。

高层民用建筑业主、使用人或者消防服务单位，应当安排专业机构或者电工定期对管理区域内由其管理的电器设备及线路进行检查；对不符合安全要求的，应当及时维修、更换。

第十七条 高层民用建筑内燃气用具的安装使用及其管路敷设、维护保养和检测应当符合消防技术标准及管理规定。禁止违反燃气安全使用规定，擅自安装、改装、拆除燃气设备和用具。

高层民用建筑使用燃气应当采用管道供气方式。禁止在高层民用建筑地下部分使用液化石油气。

第十八条 禁止在高层民用建筑内违反国家规定生产、储存、经营甲、乙类火灾危险性物品。

第十九条 设有建筑外墙外保温系统的高层民用建筑，其管理单位应当在主入口及周边相关显著位置，设置提示性和警示性标识，标示外墙外保温材料的燃烧性能、防火要求。对高层民用建筑外墙外保温系统破损、开裂和脱落的，应当及时修复。高层民用建筑在进行外墙外保温系统施工时，建设单位应当采取必要的防火隔离以及限制住人和使用的措施，确保建筑内人员安全。

禁止使用易燃、可燃材料作为高层民用建筑外墙外保温材料。禁止在其建筑内及周边禁放区域燃放烟花爆竹；禁止在其外墙周围堆放可燃物。对于使用难燃外墙外保温材料或者采用与基层墙体、装饰层之间有空腔的建筑外墙外保温系统的高层民用建筑，禁止在其外墙动火用电。

第二十条 高层民用建筑的电缆井、管道井等竖向管井和电缆桥架应当在每层楼板处进行防火封堵，管井检查门应当采用防火门。

禁止占用电缆井、管道井，或者在电缆井、管道井等竖向管井堆放杂物。

第二十一条 高层民用建筑的户外广告牌、外装饰不得采用易燃、可燃材料，不得妨碍防烟排烟、逃生和灭火救援，不得改变或者破坏建筑立面防火结构。

禁止在高层民用建筑外窗设置影响逃生和灭火救援的障碍物。

建筑高度超过50米的高层民用建筑外墙上设置的装饰、广告牌应当采用不燃材料并易于破拆。

第二十二条 禁止在消防车通道、消防车登高操作场地设置构筑物、停车泊位、固定隔离桩等障碍物。

禁止在消防车通道上方、登高操作面设置妨碍消防车作业的架空管线、广告牌、装饰物等障碍物。

第二十三条 高层公共建筑内餐饮场所的经营单位应当及时对厨房灶具和排油烟罩设施进行清洗，排油烟管道每季度至少进行一次检查、清洗。

高层住宅建筑的公共排油烟管道应当定期检查，并采取防火措施。

第二十四条　除为满足高层民用建筑的使用功能所设置的自用物品暂存库房、档案室和资料室等附属库房外，禁止在高层民用建筑内设置其他库房。

高层民用建筑的附属库房应当采取相应的防火分隔措施，严格遵守有关消防安全管理规定。

第二十五条　高层民用建筑内的锅炉房、变配电室、空调机房、自备发电机房、储油间、消防水泵房、消防水箱间、防排烟风机房等设备用房应当按照消防技术标准设置，确定为消防安全重点部位，设置明显的防火标志，实行严格管理，并不得占用和堆放杂物。

第二十六条　高层民用建筑消防控制室应当由其管理单位实行24小时值班制度，每班不应少于2名值班人员。

消防控制室值班操作人员应当依法取得相应等级的消防行业特有工种职业资格证书，熟练掌握火警处置程序和要求，按照有关规定检查自动消防设施、联动控制设备运行情况，确保其处于正常工作状态。

消防控制室内应当保存高层民用建筑总平面布局图、平面布置图和消防设施系统图及控制逻辑关系说明、建筑消防设施维修保养记录和检测报告等资料。

第二十七条　高层公共建筑内有关单位、高层住宅建筑所在社区居民委员会或者物业服务企业按照规定建立的专职消防队、志愿消防队（微型消防站）等消防组织，应当配备必要的人员、场所和器材、装备，定期进行消防技能培训和演练，开展防火巡查、消防宣传，及时处置、扑救初起火灾。

第二十八条　高层民用建筑的疏散通道、安全出口应当保持畅通，禁止堆放物品、锁闭出口、设置障碍物。平时需要控制人员出入或者设有门禁系统的疏散门，应当保证发生火灾时易于开启，并在现场显著位置设置醒目的提示和使用标识。

高层民用建筑的常闭式防火门应当保持常闭，闭门器、顺序器等部件应当完好有效；常开式防火门应当保证发生火灾时自动关闭并反馈信号。

禁止圈占、遮挡消火栓，禁止在消火栓箱内堆放杂物，禁止在防火卷帘下堆放物品。

第二十九条　高层民用建筑内应当在显著位置设置标识，指示避难层（间）的位置。

禁止占用高层民用建筑避难层（间）和避难走道或者堆放杂物，禁止锁闭避难层（间）和避难走道出入口。

第三十条　高层公共建筑的业主、使用人应当按照国家标准、行业标准配备灭火器材以及自救呼吸器、逃生缓降器、逃生绳等逃生疏散设施器材。

高层住宅建筑应当在公共区域的显著位置摆放灭火器材，有条件的配置自救呼吸器、逃生绳、救援哨、疏散用手电筒等逃生疏散设施器材。

鼓励高层住宅建筑的居民家庭制订火灾疏散逃生计划，并配置必要的灭火和逃生疏散器材。

第三十一条　高层民用建筑的消防车通道、消防车登高操作场地、灭火救援窗、灭火救援破拆口、消防车取水口、室外消火栓、消防水泵接合器、常闭式防火门等应当设置明显的提示性、警示性标识。消防车通道、消防车登高操作场地、防火卷帘下方还应当在地面标识出禁止占用的区域范围。消火栓箱、灭火器箱上应当张贴使用方法的标识。

高层民用建筑的消防设施配电柜电源开关、消防设备用房内管道阀门等应当标识开、关状态；对需要保持常开或者常闭状态的阀门，应当采取铅封等限位措施。

第三十二条　不具备自主维护保养检测能力的高层民用建筑业主、使用人或者物业服务企业应当聘请具备从业条件的消防技术服务机构或者消防设施施工安装企业对建筑消防设施进行维护保养和检测；存在故障、缺损的，应当立即组织维修、更换，确保完好有效。

因维修等需要停用建筑消防设施的，高层民用建筑的管理单位应当严格履行内部审批手续，制订应急方案，落实防范措施，并在建筑入口处等显著位置公告。

第三十三条 高层公共建筑消防设施的维修、更新、改造的费用，由业主、使用人按照有关法律规定承担，共有部分按照专有部分建筑面积所占比例承担。

高层住宅建筑的消防设施日常运行、维护和维修、更新、改造费用，由业主依照法律规定承担；委托消防服务单位的，消防设施的日常运行、维护和检测费用应当纳入物业服务或者消防技术服务专项费用。共用消防设施的维修、更新、改造费用，可以依法从住宅专项维修资金列支。

第三十四条 高层民用建筑应当进行每日防火巡查，并填写巡查记录。其中，高层公共建筑内公众聚集场所在营业期间应当至少每2小时进行一次防火巡查，医院、养老院、寄宿制学校、幼儿园应当进行白天和夜间防火巡查，高层住宅建筑和高层公共建筑内的其他场所可以结合实际确定防火巡查的频次。

防火巡查应当包括下列内容：

（一）用火、用电、用气有无违章情况。

（二）安全出口、疏散通道、消防车通道畅通情况。

（三）消防设施、器材完好情况，常闭式防火门关闭情况。

（四）消防安全重点部位人员在岗在位等情况。

第三十五条 高层住宅建筑应当每月至少开展一次防火检查，高层公共建筑应当每半个月至少开展一次防火检查，并填写检查记录。

防火检查应当包括下列内容：

（一）安全出口和疏散设施情况。

（二）消防车通道、消防车登高操作场地和消防水源情况。

（三）灭火器材配置及有效情况。

（四）用火、用电、用气和危险品管理制度落实情况。

（五）消防控制室值班和消防设施运行情况。

（六）人员教育培训情况。

（七）重点部位管理情况。

（八）火灾隐患整改以及防范措施的落实等情况。

第三十六条　对防火巡查、检查发现的火灾隐患，高层民用建筑的业主、使用人、受委托的消防服务单位，应当立即采取措施予以整改。

对不能当场改正的火灾隐患，应当明确整改责任、期限，落实整改措施，整改期间应当采取临时防范措施，确保消防安全；必要时，应当暂时停止使用危险部位。

第三十七条　禁止在高层民用建筑公共门厅、疏散走道、楼梯间、安全出口停放电动自行车或者为电动自行车充电。

鼓励在高层住宅小区内设置电动自行车集中存放和充电的场所。电动自行车存放、充电场所应当独立设置，并与高层民用建筑保持安全距离；确需设置在高层民用建筑内的，应当与该建筑的其他部分进行防火分隔。

电动自行车存放、充电场所应当配备必要的消防器材，充电设施应当具备充满自动断电功能。

第三十八条　鼓励高层民用建筑推广应用物联网和智能化技术手段对电气、燃气消防安全和消防设施运行等进行监控和预警。

未设置自动消防设施的高层住宅建筑，鼓励因地制宜安装火灾报警和喷水灭火系统、火灾应急广播以及可燃气体探测、无线手动火灾报警、无线声光火灾警报等消防设施。

第三十九条　高层民用建筑的业主、使用人或者消防服务单位、统一管理人应当每年至少组织开展一次整栋建筑的消防安全评估。消防安全评估报告应当包括存在的消防安全问题、火灾隐患以及改进措施等内容。

第四十条　鼓励、引导高层公共建筑的业主、使用人投保火灾公众责任保险。

第四章 消防宣传教育和灭火疏散预案

第四十一条 高层公共建筑内的单位应当每半年至少对员工开展一次消防安全教育培训。

高层公共建筑内的单位应当对本单位员工进行上岗前消防安全培训，并对消防安全管理人员、消防控制室值班人员和操作人员、电工、保安员等重点岗位人员组织专门培训。

高层住宅建筑的物业服务企业应当每年至少对居住人员进行一次消防安全教育培训，进行一次疏散演练。

第四十二条 高层民用建筑应当在每层的显著位置张贴安全疏散示意图，公共区域电子显示屏应当播放消防安全提示和消防安全知识。

高层公共建筑除遵守本条第一款规定外，还应当在首层显著位置提示公众注意火灾危险，以及安全出口、疏散通道和灭火器材的位置。

高层住宅小区除遵守本条第一款规定外，还应当在显著位置设置消防安全宣传栏，在高层住宅建筑单元入口处提示安全用火、用电、用气，以及电动自行车存放、充电等消防安全常识。

第四十三条 高层民用建筑应当结合场所特点，分级分类编制灭火和应急疏散预案。

规模较大或者功能业态复杂，且有两个及以上业主、使用人或者多个职能部门的高层公共建筑，有关单位应当编制灭火和应急疏散总预案，各单位或者职能部门应当根据场所、功能分区、岗位实际编制专项灭火和应急疏散预案或者现场处置方案（以下统称分预案）。

灭火和应急疏散预案应当明确应急组织机构，确定承担通信联络、灭火、疏散和救护任务的人员及其职责，明确报警、联络、灭火、疏散等处置程序和措施。

第四十四条 高层民用建筑的业主、使用人、受委托的消防服务单位应当结合实际，按照灭火和应急疏散总预案和分预案分别组织实施消防演练。

高层民用建筑应当每年至少进行一次全要素综合演练，建筑高度超过

100米的高层公共建筑应当每半年至少进行一次全要素综合演练。编制分预案的，有关单位和职能部门应当每季度至少进行一次综合演练或者专项灭火、疏散演练。

演练前，有关单位应当告知演练范围内的人员并进行公告；演练时，应当设置明显标识；演练结束后，应当进行总结评估，并及时对预案进行修订和完善。

第四十五条　高层公共建筑内的人员密集场所应当按照楼层、区域确定疏散引导员，负责在火灾发生时组织、引导在场人员安全疏散。

第四十六条　火灾发生时，发现火灾的人员应当立即拨打119电话报警。

火灾发生后，高层民用建筑的业主、使用人、消防服务单位应当迅速启动灭火和应急疏散预案，组织人员疏散，扑救初起火灾。

火灾扑灭后，高层民用建筑的业主、使用人、消防服务单位应当组织保护火灾现场，协助火灾调查。

第五章　法律责任

第四十七条　违反本规定，有下列行为之一的，由消防救援机构责令改正，对经营性单位和个人处2000元以上10000元以下罚款，对非经营性单位和个人处500元以上1000元以下罚款：

（一）在高层民用建筑内进行电焊、气焊等明火作业，未履行动火审批手续、进行公告，或者未落实消防现场监护措施的。

（二）高层民用建筑设置的户外广告牌、外装饰妨碍防烟排烟、逃生和灭火救援，或者改变、破坏建筑立面防火结构的。

（三）未设置外墙外保温材料提示性和警示性标识，或者未及时修复破损、开裂和脱落的外墙外保温系统的。

（四）未按照规定落实消防控制室值班制度，或者安排不具备相应条件的人员值班的。

（五）未按照规定建立专职消防队、志愿消防队等消防组织的。

（六）因维修等需要停用建筑消防设施未进行公告、未制订应急预案或者未落实防范措施的。

（七）在高层民用建筑的公共门厅、疏散走道、楼梯间、安全出口停放电动自行车或者为电动自行车充电，拒不改正的。

第四十八条　违反本规定的其他消防安全违法行为，依照《中华人民共和国消防法》第六十条、第六十一条、第六十四条、第六十五条、第六十六条、第六十七条、第六十八条、第六十九条和有关法律法规予以处罚；构成犯罪的，依法追究刑事责任。

第四十九条　消防救援机构及其工作人员在高层民用建筑消防监督检查中，滥用职权、玩忽职守、徇私舞弊的，对直接负责的主管人员和其他直接责任人员依法给予处分；构成犯罪的，依法追究刑事责任。

第六章　附则

第五十条　本规定下列用语的含义：

（一）高层住宅建筑，是指建筑高度大于27米的住宅建筑。

（二）高层公共建筑，是指建筑高度大于24米的非单层公共建筑，包括宿舍建筑、公寓建筑、办公建筑、科研建筑、文化建筑、商业建筑、体育建筑、医疗建筑、交通建筑、旅游建筑、通信建筑等。

（三）业主，是指高层民用建筑的所有权人，包括单位和个人。

（四）使用人，是指高层民用建筑的承租人和其他实际使用人，包括单位和个人。

第五十一条　本规定自2021年8月1日起施行。

吉林省物业管理条例

（2021年5月27日吉林省第十三届人民代表大会常务委员会第二十八次会议通过第64号《吉林省物业管理条例》已由吉林省第十三届人民代表大会常务委员会第二十八次会议于2021年5月27日通过，现予公布，自2021年8月1日起施行。）

第一章 总则

第一条 为了规范物业管理活动，维护物业管理相关主体的合法权益，构建党建引领社区治理框架下的物业管理体系，营造和谐有序的生活和工作环境，根据《中华人民共和国民法典》《物业管理条例》等有关法律、行政法规，结合本省实际，制定本条例。

第二条 本条例适用于本省行政区域内的物业管理活动及其监督管理。

本条例所称物业管理，是指业主通过自行管理或者共同决定委托物业服务人的形式，对物业管理区域内的建筑物、构筑物及其配套的设施设备和相关场地进行维修、养护，管理、维护环境卫生和相关秩序的活动。物业服务人包括物业服务企业和其他管理人。

第三条 物业管理应当纳入社区治理体系，构建党建引领、政府主导、行业自律、居民自治、专业服务、多方参与、协商共建的工作格局。

第四条 县级以上人民政府应当加强对物业管理工作的组织和领导，建立健全物业管理工作综合协调机制和目标责任制；完善扶持、激励政策和措施，建立与之相适应的资金投入与保障机制；鼓励采用新技术、新方法，运用信息化手段，提高物业管理和服务质量。

第五条 县级以上人民政府物业行政主管部门负责本行政区域内物业

管理活动的监督管理工作，依法履行下列职责：

（一）制定物业管理相关政策和措施。

（二）指导街道办事处、乡镇人民政府对物业管理活动进行监督管理。

（三）指导街道办事处、乡镇人民政府调解物业管理纠纷。

（四）建立健全物业服务规范与质量考核体系。

（五）建立健全物业服务信用管理体系。

（六）建立健全物业管理电子信息平台。

（七）对物业招投标活动进行监督管理。

（八）对建筑物及其附属设施的维修资金（以下统称专项维修资金）交存、使用情况进行监督管理。

（九）组织开展物业管理相关培训。

（十）实施法律、法规规定的物业管理方面的其他监督管理职责。

第六条 街道办事处、乡镇人民政府负责本行政区域内物业管理活动的指导和监督管理工作，依法履行下列职责：

（一）组织成立首次业主大会会议筹备组。

（二）指导和协助业主大会的成立、业主委员会的选举和换届。

（三）指导和监督业主大会、业主委员会、物业服务人依法履行职责。

（四）对物业管理区域内的物业服务实施监督检查。

（五）指导和监督物业承接查验、物业服务人退出交接活动。

（六）建立物业管理纠纷调解、投诉和举报处理机制，调解物业管理纠纷，处理物业管理相关投诉和举报。

（七）协调和监督老旧住宅小区物业管理。

（八）实施法律、法规规定的物业管理方面的其他监督管理职责。

第七条 居（村）民委员会应当协助街道办事处、乡镇人民政府做好物业管理相关具体工作，指导和监督业主大会、业主委员会、物业服务人依法履行职责，调解物业管理纠纷。

第八条 引导和支持业主中的中国共产党党员通过法定程序成为业主

委员会成员。推动业主委员会、物业服务企业成立党组织。

鼓励和支持业主委员会成员、物业项目负责人中的中国共产党党员担任社区党组织兼职委员；符合条件的社区党组织、居（村）民委员会成员通过法定程序兼任业主委员会成员。

建立健全社区党组织、居（村）民委员会、业主委员会和物业服务人议事协调机制。

第九条　业主应当遵守法律、法规规定，弘扬和践行社会主义核心价值观，依法行使业主权利、履行业主义务，不得违背公序良俗，不得损害公共利益。

第十条　物业管理行业协会应当加强行业自律，规范行业经营行为，促进物业服务标准化建设，维护市场秩序和公平竞争，促进物业管理行业健康发展。

第十一条　突发事件应对期间，物业服务人应当执行县级以上人民政府依法实施的各项应急措施，积极配合开展相关工作，并由县级以上人民政府给予必要的物资和资金支持。

对物业服务人执行政府依法实施的各项应急措施，业主、物业使用人应当依法予以配合。

第十二条　县级以上人民政府物业行政主管部门、街道办事处、乡镇人民政府应当通过报刊、广播、电视、互联网、在物业管理区域内显著位置长期公开等多种方式，组织开展物业管理法律、法规的宣传工作。

第二章　物业管理区域及设施

第十三条　物业管理区域的划分以有利于实施物业管理为原则，综合考虑物业的共用设施设备、建筑物规模、社区布局、业主人数、土地使用权属范围、自然界限等因素确定：

（一）配套设施设备共用的，应当划分为一个物业管理区域，影响设施设备共用功能使用的，不得分割划分；配套设施设备和相关场地能够分割并独立使用的，可以划分为不同的物业管理区域。

（二）原有住宅物业界线已自然形成且无争议的，划分为一个物业管理区域。

（三）商贸、办公、医院、学校、工厂、仓储等非住宅物业以及单幢商住楼宇具有独立共用设施设备并能够封闭的，划分为一个物业管理区域。

第十四条 已投入使用但尚未划分物业管理区域，或者需要调整物业管理区域的，物业所在地的县（市、区）人民政府物业行政主管部门应当会同街道办事处、乡镇人民政府，在征求业主意见后予以划分或者调整，并在相应区域内显著位置进行不少于七日的公告。

第十五条 建设单位应当在办理商品房预售许可证或者商品房现房销售前，将划定的物业管理区域资料报送物业所在地的街道办事处、乡镇人民政府备案。

建设单位应当将已备案的物业管理区域在商品房买卖合同中明示。

建设单位应当在物业管理区域内显著位置长期公开物业管理区域规划总平面图，并在图上标明或者使用文字辅助说明下列事项：

（一）物业管理区域的四至范围。

（二）属于业主共有的道路、绿地和其他公共场所的面积和位置。

（三）规划配建的车位数量和位置。

（四）地下室、地面架空层的面积。

（五）物业服务用房的面积和位置。

（六）共用设施设备名称。

（七）其他需要明示的场所和设施设备。

物业服务人应当对长期公开的物业管理区域规划总平面图做好维护管理工作。

第十六条 住宅小区的规划设计中，应当明确物业服务用房的具体位置和面积。建设单位应当按照下列规定配置物业管理区域内的物业服务用房：

（一）房屋总建筑面积二十万平方米以下的部分，按照不少于千分之四的标准配置，且物业服务用房建筑面积不得少于一百平方米。

（二）房屋总建筑面积超过二十万平方米的部分，按照不少于千分之二的标准配置。

（三）分期开发建设的，首期配置建筑面积不得少于一百平方米。

（四）物业服务用房应当在地面以上，具备独立使用功能，相对集中，便于开展物业服务活动，并具备采光、通风、供水、排水、供电、供热、通信等正常使用功能和独立通道。

第十七条　物业服务用房包括物业服务人办公用房和业主委员会办公用房。其中，业主委员会办公用房建筑面积不得少于二十平方米。

建设单位申请房屋所有权首次登记时，应当将物业服务用房申请登记为业主共有。

物业服务用房不计入分摊的公用建筑面积，其所有权属于全体业主。未经业主大会决定或者业主共同决定，任何单位和个人不得改变物业服务用房的用途，不得转让和抵押物业服务用房。

第十八条　建筑区划内的以下部分属于业主共有：

（一）道路、绿地，但是属于城镇公共道路、城镇公共绿地或者明示属于个人的除外。

（二）占用业主共有的道路或者其他场地用于停放汽车的车位。

（三）建筑物的基础、承重结构、外墙、屋顶等基本结构部分，通道、楼梯、大堂等公共通行部分，消防、公共照明等附属设施设备，避难层、架空层、设备层或者设备间等结构部分。

（四）物业服务用房和其他公共场所、公用设施。

（五）法律、法规规定或者商品房买卖合同依法约定的其他共有部分。

未经业主大会决定或者业主共同决定，任何单位和个人不得改变共有部分的用途，不得利用共有部分从事经营活动，不得处分共有部分。

第十九条　新建住宅物业管理区域内的供电、供水、供热、供燃气、排水、通信等专业经营设施设备以及相关管线，应当符合国家技术标准和技术规范，并与主体工程同时设计、同时施工、同时交付。

建设单位在组织竣工验收时，应当通知供电、供水、供热、供燃气等专业经营单位参加；验收合格后，建设单位应当将专业经营设施设备以及相关管线移交给专业经营单位维护管理，专业经营单位应当接收。

已投入使用的设施设备以及相关管线尚未移交专业经营单位维护管理的，物业所在地的县（市、区）人民政府应当组织专业经营单位接收。验收合格的，专业经营单位应当接收；验收不合格的，县（市、区）人民政府应当组织相关单位进行整改，整改合格后，由专业经营单位接收。

移交给专业经营单位的设施设备以及相关管线，其维修、养护、更新等费用，由专业经营单位依法承担，不得从物业费和专项维修资金中列支。尚在保修期内的，其费用由建设单位承担。

第三章 业主、业主组织及物业管理委员会
第一节 业主

第二十条 房屋的所有权人为业主。

本条例所称业主还包括：

（一）尚未登记取得所有权，但是基于买卖、赠与等旨在转移所有权的行为已合法占有建筑物专有部分的单位或者个人。

（二）因人民法院、仲裁机构的法律文书或者人民政府的征收决定等取得建筑物专有部分所有权的单位或者个人。

（三）因继承取得建筑物专有部分所有权的个人。

（四）因合法建造取得建筑物专有部分所有权的单位或者个人。

（五）其他符合法律、法规规定的单位或者个人。

第二十一条 业主在物业管理活动中，享有下列权利：

（一）按照物业服务合同约定，接受物业服务人提供的服务。

（二）提议成立业主大会，提议召开业主大会会议，并就物业管理的

相关事项提出建议。

（三）提出制定和修改业主大会议事规则、管理规约的建议。

（四）参加业主大会会议，行使投票权。

（五）选举业主委员会成员，并享有被选举权。

（六）监督首次业主大会会议筹备组、业主委员会的工作。

（七）监督物业服务人履行物业服务合同。

（八）对物业共用部位、共用设施设备和相关场地使用情况享有知情权和监督权。

（九）监督专项维修资金的管理和使用。

（十）法律、法规规定的其他权利。

第二十二条　业主在物业管理活动中，履行下列义务：

（一）遵守业主大会议事规则、临时管理规约、管理规约。

（二）遵守物业管理区域内物业共用部位和共用设施设备的使用、公共秩序和环境卫生的管理、维护等方面的规章制度。

（三）执行业主大会的决定和业主大会授权业主委员会作出的决定。

（四）按照规定交存专项维修资金。

（五）按照约定向物业服务人支付物业费。物业服务人已按照约定和有关规定提供服务的，业主不得以未接受或者无需接受相关物业服务为由拒绝支付物业费。

（六）按照规定分类投放生活垃圾。

（七）法律、法规规定的其他义务。

业主对建筑物专有部分以外的共有部分，享有权利，承担义务；不得以放弃权利为由不履行义务。

第二节　业主大会

第二十三条　业主大会由物业管理区域内全体业主组成，代表和维护全体业主在物业管理活动中的合法权益。

一个物业管理区域成立一个业主大会。

只有一个业主，或者业主人数较少且经全体业主一致同意决定不成立业主大会的，由全体业主共同履行业主大会、业主委员会的职责。

第二十四条 一个物业管理区域内，已交付业主的专有部分面积占比百分之五十以上的，可以成立业主大会。

建设单位应当在具备成立业主大会条件之日起三十日内向物业所在地的街道办事处、乡镇人民政府报送筹备首次业主大会会议所需的建筑物面积清册、业主名册、规划总平面图、交付使用共用设施设备证明、物业服务用房配置证明等资料。

第二十五条 符合成立业主大会条件的，百分之五以上的业主、专有部分面积占比百分之五以上的业主、居（村）民委员会或者建设单位，可以向物业所在地的街道办事处、乡镇人民政府提出筹备成立业主大会的书面申请。

街道办事处、乡镇人民政府应当在收到书面申请后六十日内，组织成立首次业主大会会议筹备组。

第二十六条 首次业主大会会议筹备组成员由业主代表，街道办事处、乡镇人民政府代表，社区党组织、居（村）民委员会代表和建设单位代表组成。筹备组成员人数应当为单数，其中业主代表人数不低于筹备组总人数的二分之一。业主代表的产生由物业所在地的街道办事处、乡镇人民政府组织业主推荐后确定。筹备组组长由街道办事处、乡镇人民政府指派的代表担任。

筹备组应当自成立之日起七日内，将其成员名单和工作职责，在物业管理区域内显著位置进行不少于七日的公示。业主对筹备组成员有异议的，由街道办事处、乡镇人民政府协调解决。

筹备组正式工作前，街道办事处、乡镇人民政府应当会同县（市、区）人民政府物业行政主管部门，对筹备组成员进行培训。

第二十七条 首次业主大会会议筹备组成员应当符合下列条件：

（一）具有完全民事行为能力。

（二）本人、配偶及其近亲属未在为本物业管理区域提供服务的物业服务人处任职。

（三）无非法收受建设单位、物业服务人或者其他利害关系人提供的利益、报酬或者向其索取利益、报酬的行为。

（四）法律、法规规定的其他条件。

第二十八条 首次业主大会会议筹备组履行下列职责：

（一）确认并公示业主身份、业主人数以及所拥有的专有部分面积。

（二）制订召开首次业主大会会议方案，确定首次业主大会会议召开的时间、地点、形式和内容。

（三）拟定业主大会议事规则草案和管理规约草案。

（四）确定首次业主大会会议表决规则。

（五）制定业主委员会成员候选人产生办法，确定业主委员会成员候选人名单。

（六）制定业主委员会选举办法。

（七）完成召开首次业主大会会议的其他准备工作。

前款内容所涉相关事项，应当在首次业主大会会议召开十五日前，以书面形式在物业管理区域内显著位置进行不少于七日的公示。业主对公示内容有异议的，筹备组应当记录并作出答复。

第二十九条 筹备组应当自组成之日起九十日内完成筹备工作，组织召开首次业主大会会议。

首次业主大会会议应当表决业主大会议事规则、管理规约，并选举业主委员会。

业主大会自首次业主大会会议审议通过业主大会议事规则、管理规约之日起成立。

首次业主大会会议未能选举产生业主委员会的，筹备组应当自会议结束之日起七日内，持首次业主大会会议记录和会议决定、业主大会议事规则、管理规约，向物业所在地的街道办事处、乡镇人民政府备案，并向业主公开业主大会决定、业主大会议事规则和管理规约。

首次业主大会会议选举产生业主委员会的，按照本条例第四十六条规定备案。

第三十条 业主大会决定下列事项：

（一）制定和修改业主大会议事规则。

（二）制定和修改管理规约。

（三）选举业主委员会或者更换业主委员会成员。

（四）选聘和解聘物业服务企业或者其他管理人。

（五）使用专项维修资金。

（六）筹集专项维修资金。

（七）改建、重建建筑物及其附属设施。

（八）改变共有部分用途或者利用共有部分从事经营活动。

（九）制定和修改业主委员会工作规则。

（十）听取和审查业主委员会工作报告。

（十一）决定业主大会和业主委员会工作经费、业主委员会成员工作津贴及标准。

（十二）有关共有和共同管理权利的其他重大事项。

未成立业主大会的，前款规定的事项由业主共同决定。

第三十一条 业主大会决定事项或者业主共同决定事项，应当由物业管理区域内专有部分面积占比三分之二以上的业主且人数占比三分之二以上的业主参与表决。

决定本条例第三十条第一款第六项至第八项规定的事项，应当经参与表决专有部分面积四分之三以上的业主且参与表决人数四分之三以上的业主同意。

决定本条例第三十条第一款其他事项，应当经参与表决专有部分面积过半数的业主且参与表决人数过半数的业主同意。

第三十二条 业主行使投票权时，专有部分面积和业主人数按照下列方法确定：

（一）专有部分面积，按照不动产登记簿记载的面积计算；尚未进行物权登记的，暂按测绘机构的实测面积计算；尚未进行实测的，暂按商品房买卖合同记载的面积计算。

（二）业主人数，按照专有部分的数量计算，一个专有部分按照一人计算。但建设单位尚未出售或者虽已出售但尚未交付的部分，以及同一买受人拥有一个以上专有部分的，按照一人计算。

业主大会应当在业主大会议事规则中约定车位、摊位等特定空间是否计入用于确定业主投票权数的专有部分面积。

第三十三条 业主、物业使用人应当遵守管理规约。管理规约应当包括下列内容：

（一）物业的使用、维护和管理。

（二）专项维修资金的筹集、使用和管理。

（三）业主共有部分的经营与收益分配。

（四）业主共同利益的维护。

（五）业主共同管理权的行使。

（六）业主应当履行的义务。

（七）违反管理规约应当承担的责任。

对未及时支付物业费等情形，管理规约可以规定由业主委员会或者物业服务人采取合法方式，在物业管理区域内就相关情况予以公告。

本条例所称物业使用人，是指除业主以外合法占有、使用物业的单位或者个人，包括但是不限于物业的承租人。

第三十四条 业主大会议事规则应当就业主大会的议事方式、表决程序、业主投票权确定办法、业主委员会的组成和成员任期等事项作出约定。

第三十五条 业主拒绝支付物业费，或者不交存专项维修资金，以及实施其他损害业主共同权益行为的，业主大会可以在业主大会议事规则和管理规约中对其共同管理权的行使作出限制性规定。

第三十六条 业主大会会议分为定期会议和临时会议。业主大会定期会议应当按照业主大会议事规则的规定召开。

有下列情形之一的，业主委员会应当及时组织召集业主大会临时会议：

（一）经专有部分面积占比百分之二十以上的业主且人数占比百分之二十以上的业主提议的。

（二）发生重大事故或者紧急事件需要及时处理的。

（三）业主大会议事规则或者管理规约规定的其他情形。

第三十七条 业主大会会议可以采用集体讨论、书面征求意见或者通过互联网等方式召开。

召开业主大会会议的，业主委员会应当于会议召开十五日前通知业主，将会议议题及其具体内容、时间、地点、方式等在物业管理区域内显著位置公告。

住宅小区的业主大会会议，应当同时告知物业所在地的居（村）民委员会，居（村）民委员会应当派代表参加。

业主大会会议不得就已公告议题以外的事项进行表决。

第三十八条 业主因故不能参加业主大会会议的，可以书面委托代理人参加业主大会会议，委托书应当载明委托事项、权限和期限。

在业主身份确认的前提下，可以采用视频等信息化技术手段改进业主大会表决方式。

县级以上人民政府物业行政主管部门应当逐步建立业主决策信息平台，供业主和业主大会免费使用。

第三十九条 业主大会、业主委员会依法作出的决定，对本物业管理区域内的全体业主具有约束力。物业使用人应当依法遵守业主大会、业主委员会的决定。

业主大会决定应当自作出之日起七日内，由业主委员会以书面形式在物业管理区域内显著位置公告，并报送物业所在地的街道办事处、乡镇人民政府备案。

业主大会会议由业主委员会作书面记录并存档。

第四十条 业主委员会未按照业主大会议事规则的规定组织召集业主大会定期会议，或者发生应当召开业主大会临时会议的情况业主委员会不履行组织召集会议职责的，物业所在地的街道办事处、乡镇人民政府可以责令业主委员会限期召集；逾期仍不召集的，在街道办事处、乡镇人民政府的指导和监督下，可以由居（村）民委员会组织召集。

第三节 业主委员会

第四十一条 业主委员会是业主大会的执行机构，由业主大会会议选举产生。业主委员会应当依法履行下列职责：

（一）召集业主大会会议，报告物业管理的实施情况。

（二）代表业主与物业服务企业或者其他管理人签订物业服务合同。

（三）及时了解业主、物业使用人的意见和建议，监督和协助物业服务人履行物业服务合同。

（四）监督管理规约的实施。

（五）督促业主按时支付物业费以及其他相关费用。

（六）起草共有部分、共有资金使用与管理办法，并提请业主大会决定。

（七）组织和监督专项维修资金的筹集和使用。

（八）调解业主之间、业主与物业服务人之间因物业使用、维护和管理产生的纠纷。

（九）配合街道办事处、乡镇人民政府、居（村）民委员会等做好物业管理区域内的社区建设、社会治安和公益宣传等工作。

（十）制定印章管理和档案管理制度，并建立相关档案供业主查询。

（十一）存档业主大会、业主委员会会议记录和会议决定。

（十二）法律、法规以及业主大会赋予的其他职责。

第四十二条　业主委员会由五至十一名成员单数组成，其中中国共产党党员应当占多数。业主委员会每届任期不超过五年，可以连选连任。业主委员会成员具有同等表决权。

业主委员会应当自选举产生之日起七日内，召开首次业主委员会会议，推选业主委员会主任和副主任，并在推选完成之日起三日内，在物业管理区域内显著位置对业主委员会主任、副主任和其他成员的名单进行不少于七日的公告。

第四十三条　业主委员会成员候选人应当是物业管理区域内的自然人业主，或者单位业主授权的自然人代表，并符合下列条件：

（一）具有完全民事行为能力。

（二）热心公益事业，责任心强，公正廉洁，具有一定的组织能力。

（三）未有本条例第八十八条规定的禁止行为。

（四）本人、配偶及其近亲属与物业服务人无直接的利益关系。

（五）未有法律、法规规定的其他不宜担任业主委员会成员的情形。

第四十四条　业主委员会成员候选人通过下列方式产生：

（一）社区党组织推荐。

（二）居（村）民委员会推荐。

（三）业主自荐或者联名推荐。

第四十五条　业主委员会成员按照业主委员会成员候选人得票多少当选，所得票数相等的，抽签确定人选。

业主大会在选举业主委员会成员的同时，可以按照第三十一条第一款和第三款规定选举出业主委员会候补成员，候补成员人数按照不超过业主委员会成员人数确定。候补成员可以列席业主委员会会议，不具有表决权。在个别业主委员会成员资格终止时，经业主委员会决定，从候补成员中按照得票排名顺序依次递补，并在物业管理区域内显著位置进行不少于七日的公告。

第四十六条　业主委员会应当自选举产生之日起三十日内，持下列资料向物业所在地的街道办事处、乡镇人民政府备案：

（一）首次业主大会会议记录和会议决定。

（二）业主大会议事规则。

（三）管理规约。

（四）业主委员会首次会议记录和会议决定。

（五）业主委员会成员和候补成员的名单、联系方式、基本情况。

街道办事处、乡镇人民政府对以上资料进行核实，符合要求的，五个工作日内予以备案，并出具业主大会、业主委员会备案证明。

业主委员会可以持备案证明申请业主大会统一社会信用代码证书，向金融机构申请开立账户，并申请刻制业主大会印章和业主委员会印章。

备案内容发生变更的，业主委员会应当自变更之日起三十日内，向原备案机关备案。

第四十七条 业主委员会应当向业主公开下列情况和资料：

（一）业主大会议事规则、管理规约。

（二）业主大会和业主委员会的决定。

（三）物业服务合同。

（四）专项维修资金的筹集、使用情况。

（五）业主大会和业主委员会工作经费的收支情况。

（六）其他应当向业主公开的情况和资料。

业主有权查阅业主大会会议、业主委员会会议资料、记录，有权就涉及自身利益的事项向业主委员会提出询问，业主委员会应当予以解释、答复。

第四十八条 业主委员会应当按照业主大会议事规则的规定以及业主大会的决定召开会议。经三分之一以上业主委员会成员提议，应当在七日内召开业主委员会会议。

业主委员会会议由主任召集和主持。主任因故不能履行职责的，可以委托副主任召集和主持。

业主委员会主任、副主任无正当理由不召集业主委员会会议的，业主委员会其他成员或者业主可以请求物业所在地的居（村）民委员会、街道办事处、乡镇人民政府责令限期召集；逾期仍未召集的，由居（村）民委员会、街道办事处、乡镇人民政府组织召集，并重新推选业主委员会主任、副主任。

业主委员会会议应当有过半数的成员出席，作出的决定必须经全体成员过半数同意。会议决定应当由出席会议的业主委员会成员签字确认，未出席会议的业主委员会成员签字无效。业主委员会应当自作出决定之日起三日内，将会议决定在物业管理区域内显著位置公告。

业主委员会成员不得委托代理人参加业主委员会会议。

第四十九条 业主委员会应当于会议召开七日前，在物业管理区域内显著位置公示业主委员会会议的内容和议程，听取业主的意见和建议。

业主委员会应当在会议召开五日前，将会议议题告知物业所在地的居（村）民委员会，并听取意见和建议。居（村）民委员会可以根据情况派代表参加。

第五十条 业主大会和业主委员会的工作经费、业主委员会成员的工作津贴，经业主大会决定，由全体业主分摊，也可以从业主共有部分经营所得收益中列支。

第五十一条 业主委员会成员、候补成员有下列情形之一时，其成员资格自行终止，并由业主委员会向业主公告：

（一）因物业转让、灭失等原因不再是业主的。

（二）丧失民事行为能力的。

（三）以书面形式向业主委员会提出辞职的。

（四）法律、法规以及管理规约规定的其他情形。

第五十二条 业主委员会成员、候补成员有下列情形之一的，业主委员会应当提请业主大会罢免其成员资格：

（一）阻挠、妨碍业主大会行使职权或者不执行业主大会决定的。

（二）业主委员会成员一年内缺席业主委员会会议总次数达到一半的。

（三）利用职务之便接受减免物业费、停车费等相关物业服务费用的。

（四）非法收受建设单位、物业服务人或者其他利害关系人提供的利益、报酬或者向其索取利益、报酬的。

（五）利用成员资格谋取私利损害业主共同利益的。

（六）泄露业主信息的。

（七）虚构、篡改、隐匿、销毁物业管理活动中形成的文件资料的。

（八）拒绝、拖延提供物业管理有关的文件资料，妨碍业主委员会换届交接工作的。

（九）擅自使用业主大会、业主委员会印章的。

（十）违反业主大会议事规则或者未经业主大会授权，与物业服务人签订、修改物业服务合同的。

（十一）将业主共有财产借给他人、设定担保等挪用、侵占业主共有财产的。

（十二）不宜担任业主委员会成员、候补成员的其他情形。

业主委员会未提请业主大会罢免其成员资格的，物业所在地的街道办事处、乡镇人民政府调查核实后，应当责令该成员暂停履行职责，由业主大会决定终止其成员资格。

第五十三条　业主委员会任期届满前三个月，应当召开业主大会会议进行换届选举。

业主委员会在规定时间内不组织换届选举的，在物业所在地的街道办事处、乡镇人民政府的指导和监督下，由居（村）民委员会组织换届选举工作。

业主委员会任期届满后，作出的决定不具有法律效力。

业主委员会应当将其保管的财务凭证、印章、业主名册、会议记录和会议决定等档案资料以及业主共有的其他财物，自新一届业主委员会履职之日起十日内予以移交。不按时移交的，新一届业主委员会可以请求居

（村）民委员会、街道办事处、乡镇人民政府督促其移交；仍拒不移交的，新一届业主委员会可以请求公安机关予以协助。

业主委员会成员任期内资格终止的，应当自资格终止之日起三日内，向业主委员会移交其保管的前款规定的资料和财物。

第五十四条　业主大会、业主委员会应当依法履行职责，不得作出与物业管理无关的决定，不得从事与物业管理无关的活动。

业主大会、业主委员会作出的决定违反法律、法规、业主大会议事规则、管理规约等规定的，物业所在地的街道办事处、乡镇人民政府应当责令其限期改正或者撤销其决定，并向全体业主公告。

业主大会、业主委员会作出的决定侵害业主合法权益的，受侵害的业主可以请求人民法院予以撤销。

第四节　物业管理委员会

第五十五条　有下列情形之一的，物业所在地的街道办事处、乡镇人民政府负责组建物业管理委员会：

（一）不具备成立业主大会条件的。

（二）具备成立业主大会条件，但是因各种原因未能成立的。

（三）召开业主大会会议，未能选举产生业主委员会的。

（四）需要重新选举业主委员会，但是因各种原因未能选举产生的。

物业管理委员会作为临时机构，依照本条例承担业主委员会的相关职责，组织业主共同决定物业管理事项，推动符合条件的物业管理区域成立业主大会、选举产生业主委员会。

第五十六条　物业管理委员会由物业所在地的街道办事处、乡镇人民政府组织社区党组织、居（村）民委员会代表，业主代表等七人以上单数组成。其中业主代表应当不少于物业管理委员会成员人数的二分之一，由街道办事处、乡镇人民政府通过听取业主意见、召开座谈会等方式，在自愿参加的业主中确定。业主代表适用本条例第四十三条关于业主委员会成员候选人条件的规定。

物业管理委员会主任由社区党组织、居（村）民委员会代表担任；副主任由社区党组织、居（村）民委员会指定一名业主代表担任。物业管理委员会成员名单应当在物业管理区域内显著位置进行不少于七日的公告。

第五十七条 物业管理委员会会议由主任或者主任委托的副主任召集和主持。三分之一以上的成员提议召开物业管理委员会会议的，应当组织召开会议。

物业管理委员会会议应当有过半数成员出席。物业管理委员会成员不得委托代理人参加会议。会议作出的决定应当经全体成员过半数同意，并由出席会议的物业管理委员会成员签字确认，未出席会议的物业管理委员会成员签字无效。

物业管理委员会应当自作出决定之日起三日内，将会议决定在物业管理区域内显著位置公告。

第五十八条 物业管理委员会的任期一般不超过三年。任期届满仍未推动成立业主大会并选举产生业主委员会的，由物业所在地的街道办事处、乡镇人民政府重新组建物业管理委员会。

第五十九条 已成立业主大会并选举产生业主委员会的，或者因客观原因致使物业管理委员会无法存续的，物业所在地的街道办事处、乡镇人民政府应当在三十日内解散物业管理委员会，并在物业管理区域内显著位置公告。

第四章　前期物业

第六十条 新建物业出售前，建设单位应当选聘前期物业服务人，签订书面的前期物业服务合同。

前期物业服务合同签订之日起十五日内，建设单位应当将前期物业服务合同报送物业所在地的街道办事处、乡镇人民政府备案。

第六十一条 建设单位在出售物业前，应当制定临时管理规约，并报送物业所在地的街道办事处、乡镇人民政府备案。

临时管理规约不得侵害物业买受人的合法权益。

第六十二条　建设单位应当将前期物业服务人名称、物业服务内容、物业服务收费、物业服务合同期限、临时管理规约等内容在销售现场公开，并在与物业买受人签订商品房买卖合同时，将前期物业服务合同和临时管理规约作为商品房买卖合同附件。

前期物业服务合同约定的服务期限届满前，业主委员会或者业主与新物业服务人订立的物业服务合同生效的，或者业主大会决定自行管理的，前期物业服务合同终止。

第六十三条　住宅物业的建设单位应当通过招投标的方式选聘前期物业服务人。

投标人少于三个或者住宅规模较小的，经物业所在地的县（市、区）人民政府物业行政主管部门批准，可以采用协议方式选聘前期物业服务人；采用协议方式选聘前期物业服务人的住宅规模标准由市、州人民政府物业行政主管部门确定并公布。

第六十四条　住宅前期物业服务收费实行政府指导价，由县级以上人民政府价格主管部门会同物业行政主管部门制定，并定期公布。

第六十五条　新建物业的配套建筑、设施设备和相关场地经竣工验收合格后，建设单位方可向物业买受人办理房屋交付手续。将未达到交付条件的新建物业交付给买受人的，建设单位应当承担前期物业费。

具备交付条件已交付业主的物业，物业费由业主支付；未交付的或者已竣工但尚未售出的物业，物业费由建设单位支付。建设单位与物业买受人约定减免物业费的，减免的费用由建设单位支付。

第六十六条　建设单位应当在新建物业交付使用十五日前，与选聘的物业服务人按照国家有关规定和前期物业服务合同约定，完成对物业共用部位、共用设施设备的承接查验工作。

建设单位不得以物业交付期限届满为由，要求物业服务人承接未经查验或者不符合交付使用条件的物业。物业服务人不得承接未经查验的物业。

分期开发建设的物业项目，可以根据开发进度，对符合交付使用条件的物业分期承接查验，办理物业分期交接手续。建设单位与物业服务人应当在承接最后一期物业时，办理物业项目整体交接手续。

第六十七条　建设单位与前期物业服务人应当在物业所在地的街道办事处、乡镇人民政府的指导和监督下，对物业管理区域内的共用部位、共用设施设备进行查验，确认现场查验结果，形成书面查验记录，签订物业承接查验协议，形成书面交接记录，并向业主公开查验结果。

物业承接查验协议应当对物业承接查验基本情况、存在问题、解决方法及其时限、双方权利义务、违约责任等事项作出明确约定。

建设单位应当按照物业承接查验协议的约定对存在问题进行整改。建设单位未按照约定整改的，物业服务人应当及时向街道办事处、乡镇人民政府报告。街道办事处、乡镇人民政府应当责令建设单位在三十日内予以整改。

物业承接查验协议生效后，当事人一方不履行协议约定的交接义务，导致前期物业服务合同无法履行的，应当承担违约责任。

第六十八条　现场查验二十日前，建设单位应当向物业服务人移交下列资料：

（一）竣工总平面图，单体建筑、结构、设备竣工图，配套设施、地下管网工程竣工图等竣工验收资料。

（二）共用设施设备清单及其安装、使用和维护、保养等技术资料。

（三）供电、供水、供热、供燃气、通信、有线电视等准许使用文件。

（四）物业质量保修文件和物业使用说明文件。

（五）承接查验所必需的其他资料。

未能全部移交前款所列资料的，建设单位应当列出未移交资料的详细清单并书面承诺补交的具体时限。

第六十九条　物业服务人应当自物业交接后三十日内，持下列文件向物业所在地的街道办事处、乡镇人民政府备案：

（一）前期物业服务合同。

（二）临时管理规约。

（三）物业承接查验协议。

（四）建设单位移交资料清单。

（五）查验记录。

（六）交接记录。

（七）其他与承接查验有关的文件。

第七十条　物业服务人应当将与承接查验有关的文件、资料和记录建立物业承接查验档案，并妥善保管。

物业承接查验档案属于全体业主所有，业主有权查阅、复印。

第七十一条　建设单位应当按照国家规定的保修期限和保修范围，承担物业的保修责任。

对保修期限和保修范围内出现的物业质量问题，物业服务人应当及时通知建设单位。建设单位应当立即通知施工单位进入现场核查情况，予以保修。建设单位无法通知施工单位或者施工单位未按照约定进行保修的，建设单位应当另行委托其他单位保修。

建设单位不履行保修义务或者拖延履行保修义务的，业主、物业服务人可以向县级以上人民政府建设行政主管部门投诉，由建设行政主管部门依法监督管理。

第七十二条　物业交接后，发现隐蔽工程质量问题影响房屋结构安全和正常使用的，建设单位应当负责修复；给业主造成经济损失的，建设单位应当依法承担赔偿责任。

第七十三条　物业服务人应当按照法律、法规规定和物业服务合同约定履行维修、养护、管理义务，承担因管理服务不当致使物业共用部位、共用设施设备毁损或者灭失的责任。

第五章　物业服务

第七十四条　业主可以自行管理物业，也可以委托他人管理；委托物业服务人提供物业服务的，一个物业管理区域应当选定一个物业服务人提供物业服务。

物业服务人将物业管理区域内的部分专项服务事项委托给专业性服务组织或者其他第三人的，应当就该部分专项服务事项向业主负责。

物业服务人不得将其应当提供的全部物业服务转委托给第三人，或者将全部物业服务肢解后分别转委托给第三人。

法律、法规规定应当由符合资质的专业机构或者人员实施维修、养护的设施设备，从其规定。

第七十五条 接受委托提供物业服务的企业应当具有独立法人资格，拥有相应的专业技术人员，具备为业主提供物业管理专业服务的能力。

第七十六条 物业服务人应当按照法律、法规规定和物业服务合同约定提供物业服务，并遵守下列规定：

（一）在业主、物业使用人使用物业前，将物业的共用部位、共用设施设备的使用方法、维护要求、注意事项等有关规定书面告知业主、物业使用人。

（二）发现有安全风险隐患的，及时设置警示标志，采取措施排除隐患或者向有关专业机构报告。

（三）做好物业维修、养护及其费用收支的各项记录，妥善保管物业服务档案和资料。

（四）对违法建设、私拉电线、占用消防车通道以及其他违反有关治安、环保、消防等法律、法规的行为进行劝阻、及时采取合理措施制止，向相关行政主管部门报告，并协助处理。

（五）对业主、物业使用人违反临时管理规约、管理规约的行为进行劝阻、制止，并及时报告业主委员会。

（六）对在提供物业服务过程中获取的业主、物业使用人的个人信息予以保密。

（七）指导和监督业主、物业使用人进行生活垃圾分类。

（八）执行政府依法实施的各项管理措施，积极配合开展相关工作。

物业服务人不得以业主拖欠物业费、不配合管理等理由，减少服务内容，降低服务质量；不得采取停止供电、供水、供热、供燃气以及限制业主进出小区、入户的方式催交物业费。

第七十七条 业主应当根据物业服务合同约定的付费方式和标准，按时足额支付物业费。

业主逾期不支付物业费的，业主委员会应当督促其支付；物业服务人可以催告其在合理期限内支付；合理期限届满仍不支付的，物业服务人可以依法提起诉讼或者申请仲裁。

第七十八条 业主大会成立后，应当根据业主大会的决定选择物业管理方式、选聘物业服务人。

业主大会决定采用招投标方式选聘物业服务人的，由业主委员会依法组织招标。

物业服务合同应当采用书面形式，内容一般包括服务事项、服务质量、服务费用的标准和收取办法、专项维修资金的使用、物业服务用房的使用和管理、服务期限、服务交接、违约责任等条款。物业服务人公开作出的有利于业主的服务承诺，为物业服务合同的组成部分。

物业服务人应当自物业服务合同签订之日起十五日内，将物业服务合同报送物业所在地的街道办事处、乡镇人民政府备案。

物业服务合同示范文本由省人民政府物业行政主管部门会同省市场监督管理行政主管部门制定。

第七十九条 物业费可以采取包干制或者酬金制等方式收取。

实行酬金制的，物业服务人应当向全体业主公开物业服务资金年度预决算，并每年定期公开物业服务资金的收支情况。

物业服务合同期限内，物业服务人不得擅自提高物业服务收费标准。如需提高的，物业服务人应当公示拟调价方案、调价理由、成本变动情况等相关资料，与业主委员会协商，并由业主大会决定或者业主共同决定。

第八十条 物业服务企业应当指派物业项目负责人。物业项目负责人应当在到岗之日起三日内，到物业项目所在地的居（村）民委员会报到，在居（村）民委员会的指导和监督下参与社区治理工作。

物业项目负责人的履职情况记入物业服务信用档案。

第八十一条　物业服务人应当在物业管理区域内显著位置向业主公开下列信息并及时更新，并可以通过互联网等方式告知业主：

（一）物业服务企业的营业执照或者其他管理人的基本情况、物业项目负责人的基本情况、联系方式、服务投诉电话。

（二）物业服务事项、负责人员、质量要求、收费项目、收费标准等。

（三）上一年度物业服务合同履行情况。

（四）上一年度专项维修资金使用情况。

（五）上一年度利用业主共有部分发布广告、停车等经营与收益情况。

（六）上一年度公共水电费用以及分摊详细情况。

（七）电梯、消防、水、电、气、暖等设施设备日常维护保养单位的名称和联系方式。

（八）其他应当公开的信息。

物业服务人应当定期将前款第三项至第六项规定的事项，向业主大会、业主委员会报告。

业主对公开内容有异议的，物业服务人应当在七日内予以答复。

第八十二条　物业服务人应当建立、保存下列物业服务档案和资料：

（一）业主共有部分经营管理档案。

（二）共用部位、共用设施设备档案及其运行、维修、养护记录。

（三）水箱清洗记录及水箱水质检测报告。

（四）业主名册。

（五）签订的供水、供电、垃圾清运等书面协议。

（六）物业服务活动中形成的与业主利益相关的其他资料。

第八十三条　物业服务合同终止的，原物业服务人应当在约定期限或者合理期限内退出物业管理区域，将下列资料、财物等交还业主委员会、决定自行管理的业主或者其指定的人，配合新聘物业服务人做好交接工作，并如实告知物业的使用和管理状况：

（一）本条例第六十八条、第八十二条规定的档案和资料。

（二）物业服务用房和物业共用部位、共用设施设备。

（三）结清预收、代收的有关费用。

（四）物业服务合同约定的其他事项。

物业服务人不得损坏、隐匿、销毁前款规定的资料、财物等。

原物业服务人违反前两款规定之一的，不得请求业主支付物业服务合同终止后的物业费；给业主造成损失的，应当赔偿损失。

原物业服务人不得以业主拖欠物业费、对业主共同决定有异议等为由拒绝办理交接，不得以任何理由阻挠新聘物业服务人进场服务。

原物业服务人拒不移交有关资料、财物等，或者拒不退出物业管理区域的，经业主或者业主委员会请求，物业所在地的居（村）民委员会、街道办事处、乡镇人民政府、县（市、区）人民政府物业行政主管部门应当予以协助。经协助，原物业服务人仍拒不移交或者拒不退出的，可以请求公安机关予以协助。

第八十四条 物业服务合同终止前，原物业服务人不得擅自退出物业管理区域，停止物业服务。

物业服务合同终止后，在业主或者业主大会选聘的新物业服务人或者决定自行管理的业主接管之前，原物业服务人应当继续处理物业服务事项，并可以请求业主支付该期间的物业费。

第八十五条 物业管理区域处于失管状态时，物业所在地的街道办事处、乡镇人民政府应当进行应急管理。在街道办事处、乡镇人民政府指导和监督下，居（村）民委员会应当根据应急管理的需要，提供基本保洁、秩序维护等应急物业服务，服务期限协商确定，费用由全体业主共同承担。

提供应急物业服务的，街道办事处、乡镇人民政府应当将服务内容、服务期限、服务费用等相关内容，在物业管理区域内显著位置公告。

提供应急物业服务期间，在街道办事处、乡镇人民政府指导和监督下，居（村）民委员会应当组织业主共同决定选聘物业服务人。

第八十六条　经业主大会决定或者业主共同决定对物业实施自行管理的，应当对管理负责人、自行管理的内容、标准、费用、责任和期限等事项作出规定。

第八十七条　物业管理区域内供水、供电、供热、供燃气、通信、有线电视等专业经营单位，应当向最终用户收取有关费用。专业经营单位不得因部分最终用户未履行交费义务，停止已交费用户和共用部位的服务。

除业主自行增加的设施设备外，供电、供水、供热、供燃气经营单位，应当按照下列规定负责物业管理区域内相关设施设备的维修、养护和更新：

（一）业主终端计量水表及以外的供水设施设备。

（二）业主终端计量电表及以外的供电设施设备（集中设表的，为用户户外的供电设施设备）。

（三）业主燃气燃烧用具、连接燃气用具胶管以外的燃气设施设备。

（四）业主入户分户阀及以外的供热设施设备。

专业经营单位可以委托物业服务人代收有关费用，双方应当签订书面委托协议，明确委托的主要事项和费用支付的标准与方式，不得向业主收取手续费等额外费用。

第六章　物业的使用

第八十八条　任何单位和个人不得在物业管理区域内实施下列行为：

（一）擅自变动建筑主体和承重结构。

（二）违法搭建建筑物、构筑物或者私挖地下空间。

（三）占用、堵塞、封闭消防车通道、疏散通道、安全出口，损毁消防设施设备。

（四）违反规定制造、储存、使用、处置爆炸性、毒害性、放射性、腐蚀性物质或者传染病病原体等危险物质。

（五）违反规定制造噪声干扰他人正常生活。

（六）侵占、毁坏公共绿地、树木和绿化设施。

（七）饲养动物干扰他人正常生活或者放任动物恐吓他人。

（八）从建筑物中抛掷物品。

（九）违反规定出租房屋。

（十）违反规定私拉电线为电动车辆充电。

（十一）破坏、侵占人民防空设施。

（十二）法律、法规以及管理规约禁止的其他行为。

有前款所列行为之一的，物业服务人、业主委员会应当及时劝阻、制止；劝阻、制止无效的，应当及时报告相关行政主管部门。

业主、物业使用人对侵害自身合法权益的行为，可以依法向人民法院提起诉讼。业主大会、业主委员会对侵害业主共同权益的行为，可以依法向人民法院提起诉讼。

第八十九条 业主、物业使用人不得违反法律、法规以及管理规约，将住宅改变为经营性用房。业主、物业使用人将住宅改变为经营性用房的，除遵守法律、法规以及管理规约外，应当经有利害关系的业主一致同意。

第九十条 业主、物业使用人在物业管理区域内饲养犬只等动物的，应当遵守有关法律、法规以及管理规约。

饲养人携带犬只出户的，应当按照规定佩戴犬牌并采取系犬绳等措施，防止犬只伤人、疫病传播，并及时清理犬只的排泄物。

物业服务人应当采取劝阻、制止等措施，减少犬只等动物对环境卫生和其他业主产生的影响，并协助有关部门加强对物业管理区域内犬只等动物饲养行为的监督管理。

第九十一条 业主、物业使用人需要装饰装修房屋的，应当事先告知物业服务人，遵守物业服务人提示的合理注意事项，并配合其进行必要的现场检查。未事先告知的，物业服务人可以按照管理规约禁止装饰装修施工人员进入物业管理区域。

物业服务人应当将装饰装修的禁止行为和注意事项，书面告知业主、物业使用人。

房屋装饰装修过程中，污染物业共用部位、损坏共用设施设备的，物业服务人应当通知业主、物业使用人予以修复、清洁、恢复原状。业主、物业使用人在物业服务人通知的期限内未修复、清洁、恢复原状的，由物业服务人处理，所需费用由业主、物业使用人承担。

房屋装饰装修过程中，物业服务人发现业主、物业使用人、装饰装修施工人员违反有关法律、法规以及管理规约的，应当及时劝阻、制止；劝阻、制止无效的，应当及时报告相关行政主管部门、业主委员会。

第九十二条　电梯维护保养单位应当加强电梯日常运行的检查、维护和保养。

物业服务人应当对电梯运行进行日常巡查，发现电梯存在性能故障或者其他安全隐患的，应当立即采取措施，并及时通知电梯维护保养单位维修。

电梯维护保养单位接到故障通知后，应当立即赶赴现场，并采取必要的应急救援措施。

电梯维护保养单位认为电梯存在严重安全隐患，无改造和修理价值，或者达到安全技术规范规定的报废条件的，物业服务人应当及时将相关情况向业主公告，并积极协调办理报废事宜。

鼓励老旧小区业主为满足日常生活需要加装电梯。

第九十三条　物业管理区域内规划用于停放汽车的车位、车库的归属，由当事人通过出售、附赠或者出租等方式约定，并应当首先满足本物业管理区域内业主的需要。

在满足本物业管理区域内业主的购买和承租需要后，还有剩余规划车位、车库的，应当将剩余规划车位、车库的数量、位置等信息在物业管理区域内显著位置进行不少于七日的公告，公告期满后可以出租给本物业管理区域外的其他使用人，每次租赁期限不得超过一年。

第九十四条　建设单位、物业服务企业或者其他管理人等利用业主共有部分产生的收入，在扣除合理成本之后，属于业主共有。属于业主共有的经营收益，应当按照业主大会决定或者业主共同决定使用，可以用于补充专项维修资金，也可以用于业主大会和业主委员会工作经费、业主委员会成员工作津贴或者物业管理等方面的其他需要。

任何单位和个人不得挪用、侵占属于业主共有的经营收益。经营收益由建设单位、物业服务企业或者其他管理人等代管的，应当单独列账，接受业主、业主委员会的监督。由业主委员会自行管理的，应当接受业主、居（村）民委员会的监督。

利用业主共有部分进行经营以及经营收益的分配与使用情况，应当向业主公开，且每年不得少于一次。

第七章 专项维修资金

第九十五条 住宅物业、住宅小区内的非住宅物业或者与单幢住宅楼结构相连的非住宅物业的业主，应当交存专项维修资金。但是一个业主所有且与其他物业不具有共用部位、共用设施设备的除外。

业主交存的专项维修资金属于业主共有，专项用于物业管理区域内物业共用部位、共用设施设备保修期满后的维修、更新和改造，不得挪作他用。

业主转让物业时，专项维修资金应当随房屋所有权一并转让，业主无权要求返还；因征收或者其他原因造成物业灭失的，专项维修资金余额应当退还业主。

第九十六条 专项维修资金应当按照专户存储、专款专用、所有权人决策、政府监督的原则进行管理。

业主大会成立前，专项维修资金由物业行政主管部门代行管理。业主大会成立后，根据业主大会决定，选择自行管理或者代行管理。

业主大会选择自行管理专项维修资金的，应当在银行设立专项维修资金账户。市、州、县（市）人民政府物业行政主管部门应当指导和监督专项维修资金的使用和管理。

专项维修资金的收益属于业主共有，应当转入业主专项维修资金账户滚存使用。

专项维修资金的使用和管理应当向业主公开，并依法接受审计部门的审计监督。

第九十七条　业主应当按时足额交存专项维修资金。

未建立首期专项维修资金或者专项维修资金余额不足首期筹集金额百分之三十的，市、州、县（市）人民政府物业行政主管部门应当通知业主委员会或者居（村）民委员会催告业主补建、续交专项维修资金。业主接到催告后，未能及时补建、续交专项维修资金的，业主委员会可以对未交清专项维修资金的业主依法提起诉讼。

业主申请房屋转让、抵押时，应当向房屋交易管理部门提供已足额交存专项维修资金的相关凭证。

专项维修资金的交存标准、补建、续交以及使用管理办法由市、州、县（市）人民政府制定。

第九十八条　专项维修资金的使用，仅涉及单元（栋）业主共有和共同管理权利事项的，可以根据维修范围，由该单元（栋）的业主共同决定。

第九十九条　物业保修期满后，发生以下严重危及人身、房屋安全等紧急情况，需要立即使用专项维修资金的，由业主委员会或者居（村）民委员会提出应急使用方案，也可以由相关业主、物业服务人提出应急使用方案经业主委员会或者居（村）民委员会同意，向物业行政主管部门书面提出资金使用申请：

（一）屋顶、外墙体防水损坏造成严重渗漏的。

（二）电梯出现故障危及人身安全的。

（三）楼体外立面有脱落危险的。

（四）共用消防设施设备出现故障，不能正常使用的。

（五）公共护（围）栏破损严重，危及人身、财产安全的。

（六）共用排水设施因坍塌、堵塞、爆裂等造成功能障碍，危及人身、财产安全的。

（七）发生其他严重危及人身、房屋安全紧急情况的。

物业行政主管部门应当自收到应急维修资金使用申请之日起两日内完成审核。维修工程竣工验收后，物业行政主管部门应当将维修资金使用情况在物业管理区域内显著位置进行不少于七日的公告。

第八章　监督管理

第一百条　县级以上人民政府物业行政主管部门应当建立健全物业服务信用档案，加强物业服务信用信息的采集、记录、使用和公开管理。

第一百零一条　有下列失信行为之一的，应当将物业服务企业、法定代表人、物业项目负责人记入物业服务信用档案。

（一）骗取、挪用或者侵占专项维修资金的。

（二）在物业管理招投标活动中，提供虚假信息骗取中标的。

（三）物业服务合同终止后，拒不移交或者损坏、隐匿、销毁有关资料、财物，或者拒不退出物业管理区域，或者退出时未按照规定办理交接手续的。

（四）擅自改变物业管理区域内物业服务用房、共用部位和共用设施设备用途的。

（五）擅自决定占用、挖掘物业管理区域内道路、场地，损害业主共同利益的。

（六）法律、法规规定的其他侵害业主合法权益的行为。

建设单位在前期物业招标文件中，应当将物业服务企业的信用评价作为评标标准。业主、业主委员会在选聘物业服务企业时，应当将物业服务企业的信用评价作为参考。

第一百零二条　县级以上人民政府物业行政主管部门应当根据物业服务规范与质量考核的相关规定，定期组织街道办事处、乡镇人民政府对物业服务企业进行考核。考核时，应当听取业主、业主委员会、社区党组织和居（村）民委员会的意见。考核结果应当向社会公布，并记入物业服务信用档案。

第一百零三条　县级以上人民政府相关行政主管部门按照各自职责，负责物业管理区域内的下列工作，依法处理违法违规行为：

（一）建设行政主管部门负责建设工程竣工验收备案，监督建设单位履行建筑工程质量保修责任，监督检查房屋装饰装修活动。

（二）城乡规划行政主管部门负责监督检查建设活动，开展定期巡查和重点巡查，认定违法建筑、违法建设行为，城市管理综合执法部门负责查处。

（三）市场监督行政主管部门负责监督检查无照经营活动，检查价格公示、违规收费活动，监督管理电梯等特种设备安全。

（四）公安机关负责监督检查治安、技防、保安服务等活动。

（五）应急管理部门负责监督管理消防工作，消防救援机构负责实施。

（六）人防行政主管部门负责监督检查人防工程维护管理。

（七）城市绿化行政主管部门负责查处侵占、毁坏公共绿地、树木和绿化设施的行为。

（八）其他行政主管部门按照各自职责，依法进行监督管理。

街道办事处、乡镇人民政府应当组织居（村）民委员会、物业服务人对物业管理区域进行定期巡查。发现违法违规行为的，应当及时劝阻、制止；劝阻、制止无效的，应当及时报告相关行政主管部门。定期巡查每年不得少于一次。

相关行政主管部门应当建立违法违规行为投诉和举报处理制度，并在物业管理区域内显著位置公布联系单位、投诉和举报电话。相关行政主管部门应当自收到投诉、举报之日起，按照规定时限进行调查、处理，并将调查、处理结果答复投诉人、举报人。

已实行城市管理综合执法体制改革，对相关部门职责分工另有规定的，从其规定。

第九章　法律责任

第一百零四条　违反本条例第十六条规定，建设单位在物业管理区域内未按照规定配置物业服务用房的，由县级以上人民政府物业行政主管部门责令限期改正，给予警告，没收违法所得，处十万元以上五十万元以下的罚款。

第一百零五条 违反本条例第十七条第三款规定，未经业主大会决定或者业主共同决定，改变物业服务用房用途的，由街道办事处、乡镇人民政府责令限期改正，给予警告，处一万元以上十万元以下的罚款；转让和抵押物业服务用房的，由街道办事处、乡镇人民政府责令限期改正，给予警告，对单位处五万元以上二十万元以下的罚款，对个人处一千元以上一万元以下的罚款；有收益的，所得收益用于物业管理区域内物业共用部位、共用设施设备的维修、养护，剩余部分按照业主共同决定使用；给业主造成损失的，依法承担赔偿责任。

第一百零六条 违反本条例第十八条第二款规定，未经业主大会决定或者业主共同决定，改变共有部分用途、利用共有部分从事经营活动或者处分共有部分的，由街道办事处、乡镇人民政府责令限期改正，给予警告，对单位处五万元以上二十万元以下的罚款，对个人处一千元以上一万元以下的罚款；有收益的，所得收益用于物业管理区域内物业共用部位、共用设施设备的维修、养护，剩余部分按照业主共同决定使用；给业主造成损失的，依法承担赔偿责任。

第一百零七条 违反本条例第十九条规定，专业经营单位拒绝接收专业经营设施设备以及相关管线的，由县级以上人民政府相关行政主管部门责令限期改正；给业主造成损失的，依法承担赔偿责任。

第一百零八条 违反本条例第二十四条第二款规定，建设单位未按照规定将全部资料报送街道办事处、乡镇人民政府的，由街道办事处、乡镇人民政府责令限期改正；逾期不改正的，处一万元以上五万元以下的罚款。

第一百零九条 违反本条例第六十条第二款规定，建设单位未按照规定将前期物业服务合同报送备案的，由街道办事处、乡镇人民政府责令限期改正；逾期不改正的，处五千元以上一万元以下的罚款。

第一百一十条　违反本条例第六十一条第一款规定，建设单位未按照规定将临时管理规约报送备案的，由街道办事处、乡镇人民政府责令限期改正；逾期不改正的，处五千元以上一万元以下的罚款。

第一百一十一条　违反本条例第六十三条规定，住宅物业的建设单位未通过招投标的方式选聘前期物业服务人，或者未经批准擅自采用协议方式选聘前期物业服务人的，由县级以上人民政府物业行政主管部门责令限期改正，给予警告，可以处十万元以下的罚款。

第一百一十二条　违反本条例规定，建设单位、物业服务人未按照规定履行承接查验义务的，按照以下规定给予处罚：

（一）违反本条例第六十六条第二款规定，建设单位要求物业服务人承接未经查验或者不符合交付使用条件的物业，或者物业服务人承接未经查验的物业的，由街道办事处、乡镇人民政府责令限期改正；逾期不改正的，处一万元以上三万元以下的罚款。

（二）违反本条例第六十七条第三款规定，建设单位未整改的，由街道办事处、乡镇人民政府责令限期改正；逾期不改正的，处一万元以上十万元以下的罚款。

（三）违反本条例第六十八条规定，建设单位不移交有关资料的，由街道办事处、乡镇人民政府责令限期改正；逾期不改正的，处一万元以上十万元以下的罚款。

（四）违反本条例第六十九条规定，物业服务人未将有关文件报送备案的，由街道办事处、乡镇人民政府责令限期改正；逾期不改正的，处五千元以上一万元以下的罚款。

（五）违反本条例第七十条第一款规定，物业服务人未建立物业承接查验档案，并妥善保管的，由街道办事处、乡镇人民政府责令限期改正；逾期不改正的，处五千以上一万元以下的罚款。

第一百一十三条　违反本条例第七十四条第三款规定，物业服务人将其应当提供的全部物业服务转委托给第三人，或者将全部物业服务肢解后分别转委托给第三人的，由街道办事处、乡镇人民政府责令限期改正，处委托合同价款百分之三十以上百分之五十以下的罚款。委托所得收益，用于物业管理区域内物业共用部位、共用设施设备的维修、养护，剩余部分按照业主共同决定使用；给业主造成损失的，依法承担赔偿责任。

第一百一十四条 违反本条例第七十六条第一款第一项至第五项规定，物业服务人提供物业服务未遵守相关规定的，由街道办事处、乡镇人民政府责令限期改正；逾期不改正的，处一千元以上五千元以下的罚款。

第一百一十五条 违反本条例第七十六条第二款规定，物业服务人采取停止供电、供水、供热、供燃气以及限制业主进出小区、入户的方式催交物业费的，由街道办事处、乡镇人民政府责令限期改正，处五千元以上三万元以下的罚款。

第一百一十六条 违反本条例第七十八条第四款规定，物业服务人未按照规定将物业服务合同报送备案的，由街道办事处、乡镇人民政府责令限期改正；逾期不改正的，处五千元以上一万元以下的罚款。

第一百一十七条 违反本条例第八十条第一款规定，物业项目负责人未按照规定报到的，由街道办事处、乡镇人民政府责令限期改正；逾期不改正的，处一千元以上五千元以下的罚款。

第一百一十八条 违反本条例第八十一条第一款规定，物业服务人未按照规定在物业管理区域内显著位置公开相关信息的，由街道办事处、乡镇人民政府责令限期改正；逾期不改正的，处一千元以上五千元以下的罚款。

第一百一十九条 违反本条例第八十二条规定，物业服务人未按照规定建立、保存物业服务档案和资料的，由街道办事处、乡镇人民政府责令限期改正；逾期不改正的，处一千元以上五千元以下的罚款。

第一百二十条 违反本条例第八十三条规定，物业服务人拒不移交有关资料、财物，或者损坏、隐匿、销毁有关资料、财物，或者拒不退出物业管理区域的，由街道办事处、乡镇人民政府责令限期改正；逾期不改正的，对拒不移交有关资料、财物的，处一万元以上十万元以下的罚款；

对损坏、隐匿、销毁有关资料、财物的，处五万元以上二十万元以下的罚款；对拒不退出物业管理区域的，自规定时间届满次日起，处每日一万元的罚款；给业主造成损失的，依法承担赔偿责任。

物业服务人有违反治安管理行为的，由公安机关依法给予治安管理处罚。

第一百二十一条　违反本条例第八十四条规定，物业服务合同终止前，原物业服务人擅自退出物业管理区域，停止物业服务，或者物业服务合同终止后，在业主或者业主大会选聘的新物业服务人或者决定自行管理的业主接管之前，原物业服务人未继续处理物业服务事项的，由街道办事处、乡镇人民政府责令限期改正；逾期不改正的，处三万元以上十万元以下的罚款。

第一百二十二条　违反本条例规定，在物业管理区域内有下列行为的，按照以下规定给予处罚：

（一）违反本条例第八十八条第一款第一项规定，擅自变动建筑主体和承重结构的，由县级以上人民政府建设行政主管部门责令改正，处五万元以上十万元以下的罚款。

（二）违反本条例第八十八条第一款第二项规定，违法搭建建筑物、构筑物或者私挖地下空间的，由城市管理综合行政执法部门责令改正，并依法给予处罚。

（三）违反本条例第八十八条第一款第三项规定，占用、堵塞、封闭消防车通道、疏散通道、安全出口，损毁消防设施设备的，由县级以上人民政府消防救援机构责令改正，对单位处五千元以上五万元以下的罚款，对个人处警告或者五百元以下的罚款。

（四）违反本条例第八十八条第一款第四项规定，违反规定制造、储存、使用、处置爆炸性、毒害性、放射性、腐蚀性物质或者传染病病原体等危险物质的，由公安机关依法予以处罚。

（五）违反本条例第八十八条第一款第五项规定，违反规定制造噪声干扰他人正常生活的，由公安机关依法予以处罚。

（六）违反本条例第八十八条第一款第六项规定，侵占、毁坏公共绿地、树木和绿化设施的，由县级以上人民政府城市绿化行政主管部门责令改正，处二百元以上二千元以下的罚款。

（七）违反本条例第八十八条第一款第七项规定，饲养动物干扰他人正常生活或者放任动物恐吓他人的，由公安机关依法予以处罚。

（八）违反本条例第八十八条第一款第八项规定，从建筑物中抛掷物品的，由公安机关依法予以处罚。

（九）违反本条例第八十八条第一款第九项规定，违反规定出租房屋的，由公安机关依法予以处罚。

第一百二十三条 违反本条例第九十三条第二款规定，建设单位将未出售或者未附赠的车位、车库出租给本物业管理区域外的其他使用人、每次租赁期限超过一年的，由街道办事处、乡镇人民政府责令限期改正；逾期不改正的，处三万元以上十万元以下的罚款。

第一百二十四条 违反本条例第九十四条第二款规定，挪用、侵占属于业主共有的经营收益的，由街道办事处、乡镇人民政府责令限期退还，处挪用、侵占金额一倍以上两倍以下的罚款。

第一百二十五条 违反本条例规定，各级人民政府工作人员在物业管理工作中玩忽职守、徇私舞弊、滥用职权的，应当依法给予处分；构成犯罪的，依法追究刑事责任。

居（村）民委员会工作人员有上述行为的，按照有关规定执行。

第十章 附则

第一百二十六条 省人民政府物业行政主管部门可以根据物业管理的实际需要，依据相关法律、法规和本条例，就相关方面制定具体规定。

第一百二十七条 本条例自2021年8月1日起施行。

附　录

附录　人员密集场所消防安全管理

1　范围

本文件提出了人员密集场所的消防安全管理要求和措施，包括总则、消防安全责任、消防组织、消防安全制度和管理、消防安全措施、灭火和应急疏散预案编制和演练、火灾事故处置与善后。

本文件适用于具有一定规模的人员密集场所及其所在建筑的消防安全管理。

2　规范性引用文件

下列文件中的内容通过文中的规范性引用而构成本文件必不可少的条款。其中，注日期的引用文件，仅该日期对应的版本适用于本文件；不注日期的引用文件，其最新版本（包括所有的修改单）适用于本文件。

GB/T 5907　（所有部分）消防词汇

GB 25201　建筑消防设施的维护管理

GB 25506　消防控制室通用技术要求

GB 35181　重大火灾隐患判定方法

GB/T 38315　社会单位灭火和应急疏散预案编制及实施导则

GB 50016　建筑设计防火规范

GB 50084　自动喷水灭火系统设计规范

GB 50116　火灾自动报警系统设计规范

GB 50140　建筑灭火器配置设计规范

GB 50222　建筑内部装修设计防火规范

GB 51251　　建筑防烟排烟系统技术标准

GB 51309　　消防应急照明和疏散指示系统技术标准

XF 703　　　住宿与生产储存经营合用场所消防安全技术要求

XF/T 1245　　多产权建筑消防安全管理

JGJ 48　　　商店建筑设计规范

3　术语和定义

GB/T 5907、GB 25201、GB 25506、GB 35181、GB/T 38315、GB 50016、GB 50084、GB 50116、GB 50140、GB 50222、GB 51251、GB 51309、XF 703、XF/T 1245、JGJ 48界定的以及下列术语和定义适用于本文件。

3.1　公共娱乐场所 public entertainment occupancy

具有文化娱乐、健身休闲功能并向公众开放的室内场所，包括影剧院、录像厅、礼堂等演出、放映场所，舞厅、卡拉OK厅等歌舞娱乐场所，具有娱乐功能的夜总会、音乐茶座、酒吧和餐饮场所，游艺、游乐场所和保龄球馆、旱冰场、桑拿等娱乐、健身、休闲场所和互联网上网服务营业场所。

3.2　公众聚集场所 public assembly occupancy

面对公众开放，具有商业经营性质的室内场所，包括宾馆、饭店、商场、集贸市场、客运车站候车室、客运码头候船厅、民用机场航站楼、体育场馆、会堂以及公共娱乐场所等。

3.3　人员密集场所 assembly occupancy

人员聚集的室内场所，包括公众聚集场所，医院的门诊楼、病房楼，学校的教学楼、图书馆、食堂和集体宿舍，养老院，福利院，托儿所，幼儿园，公共图书馆的阅览室，公共展览馆、博物馆的展示厅，劳动密集型企业的生产加工车间和员工集体宿舍，旅游、宗教活动场所等。

3.4　消防车登高操作场地 operating area for fire fighting

靠近建筑，供消防车停泊、实施灭火救援操作的场地。

3.5　专职消防队 full-time fire brigade

由专职人员组成，有固定的消防站用房，配备消防车辆、装备、通信器材，定期组织消防训练，24小时备勤的消防组织。

3.6 志愿消防队 volunteer fire brigade

由志愿人员组成，平时有自己的主要职业、不在消防站备勤，但配备消防装备、通信器材，定期组织消防训练，能够在接到火警出动信息后迅速集结、参加灭火救援的消防组织。

3.7 火灾隐患 fire potential

可能导致火灾发生或火灾危害增大的各类潜在不安全因素。

3.8 重大火灾隐患 major fire potential

违反消防法律法规、不符合消防技术标准，可能导致火灾发生或火灾危害增大，并由此可能造成重大、特别重大火灾事故或严重社会影响的各类潜在不安全因素。

4 总则

4.1 人员密集场所的消防安全管理应以防止火灾发生，减少火灾危害，保障人身和财产安全为目标，通过采取有效的管理措施和先进的技术手段，提高预防和控制火灾的能力。

4.2 人员密集场所的消防安全管理应遵守消防法律、法规、规章（以下统称"消防法律法规"），贯彻"预防为主、防消结合"的消防工作方针，履行消防安全职责，保障消防安全。

4.3 人员密集场所应结合本场所的特点建立完善的消防安全管理体系和机制，自行开展或委托消防技术服务机构定期开展消防设施维护保养检测、消防安全评估，并宜采用先进的消防技术、产品和方法，保证建筑具备消防安全条件。

4.4 人员密集场所应逐级落实消防安全责任制，明确各级、各岗位消防安全职责，确定相应的消防安全责任人员。

4.5 实行承包、租赁或者委托经营、管理时，人员密集场所的产权方应提供符合消防安全要求的建筑物、场所；当事人在订立相关租赁或承包合同时，应依照有关规定明确各方的消防安全责任。

4.6 消防车通道（市政道路除外）、消防车登高操作场地、涉及公共消防安全的疏散设施和其他建筑消防设施，应由人员密集场所产权方或者委托统一管理单位管理。承包、承租或者受委托经营、管理者，应在其使用、管理范围内履行消防安全职责。

4.7 对于有两个或两个以上产权者和使用者的人员密集场所，除依法履行自身消防管理职责外，对消防车通道、涉及公共消防安全的疏散设施和其他建筑消防设施应明确统一管理的责任者，并应符合XF/T 1245的规定。

5 消防安全责任

5.1 通用要求

5.1.1 人员密集场所应加强消防安全主体责任的落实，全面实行消防安全责任制。

5.1.2 人员密集场所的消防安全责任人，应由该场所法人单位的法定代表人、主要负责人或者实际控制人担任。消防安全重点单位应确定消防安全管理人，其他单位消防安全责任人可以根据需要确定本场所的消防安全管理人，消防安全管理人宜具备注册消防工程师执业资格。承包、租赁场所的承租人是其承包、租赁范围的消防安全责任人。人员密集场所单位内部各部门的负责人是该部门的消防安全负责人。

5.1.3 消防安全责任人、消防安全管理人应经过消防安全培训。进行电焊、气焊等具有火灾危险作业的人员和自动消防设施的值班操作人员，应经过消防职业培训，掌握消防基本知识、防火、灭火基本技能、自动消防设施的基本维护与操作知识，遵守操作规程，持证上岗。

5.1.4 保安人员、专职消防队队员、志愿消防队（微型消防站）队员应掌握消防安全知识和灭火的基本技能，定期开展消防训练，火灾时应履行扑救初起火灾和引导人员疏散的义务。

5.2 产权方、使用方、统一管理单位的职责

5.2.1 制定消防安全管理制度和保障消防安全的操作规程。

5.2.2 开展消防法律法规和防火安全知识的宣传教育，对从业人员进

行消防安全教育和培训。

5.2.3　定期开展防火巡查、检查，及时消除火灾隐患。

5.2.4　保障疏散走道、通道、安全出口、疏散门和消防车通道的畅通，不被占用、堵塞、封闭。

5.2.5　确定各类消防设施的操作维护人员，保证消防设施、器材以及消防安全标志完好有效，并处于正常运行状态。

5.2.6　组织扑救初起火灾，疏散人员，维持火场秩序，保护火灾现场，协助火灾调查。

5.2.7　制订灭火和应急疏散预案，定期组织消防演练。

5.2.8　建立并妥善保管消防档案。

5.3　消防安全责任人的职责

5.3.1　贯彻执行消防法律法规，保证人员密集场所符合国家消防技术标准，掌握本场所的消防安全情况，全面负责本场所的消防安全工作。

5.3.2　统筹安排本场所的消防安全管理工作，批准实施年度消防工作计划。

5.3.3　为本场所消防安全管理工作提供必要的经费和组织保障。

5.3.4　确定逐级消防安全责任，批准实施消防安全管理制度和保障消防安全的操作规程。

5.3.5　组织召开消防安全例会，组织开展防火检查，督促整改火灾隐患，及时处理涉及消防安全的重大问题。

5.3.6　根据有关消防法律法规的规定建立的专职消防队、志愿消防队（微型消防站），并配备相应的消防器材和装备。

5.3.7　针对本场所的实际情况，组织制订灭火和应急疏散预案，并实施演练。

5.4　消防安全管理人的职责

5.4.1　拟订年度消防安全工作计划，组织实施日常消防安全管理工作。

5.4.2　组织制定消防安全管理制度和保障消防安全的操作规程，并检查督促落实。

5.4.3 拟订消防安全工作的经费预算和组织保障方案。

5.4.4 组织实施防火检查和火灾隐患整改。

5.4.5 组织实施对本场所消防设施、灭火器材和消防安全标志的维护保养，确保其完好有效和处于正常运行状态，确保疏散通道、走道和安全出口、消防车通道畅通。

5.4.6 组织管理专职消防队或志愿消防队（微型消防站），开展日常业务训练，组织初起火灾扑救和人员疏散。

5.4.7 组织从业人员开展岗前和日常消防知识、技能的教育和培训，组织灭火和应急疏散预案的实施和演练。

5.4.8 定期向消防安全责任人报告消防安全情况，及时报告涉及消防安全的重大问题。

5.4.9 管理人员密集场所委托的物业服务企业和消防技术服务机构。

5.4.10 消防安全责任人委托的其他消防安全管理工作。

5.5 部门消防安全负责人的职责

5.5.1 组织实施本部门的消防安全管理工作计划。

5.5.2 根据本部门的实际情况开展岗位消防安全教育与培训，制定消防安全管理制度，落实消防安全措施。

5.5.3 按照规定实施消防安全巡查和定期检查，确保管辖范围的消防设施完好有效。

5.5.4 及时发现和消除火灾隐患，不能消除的，应采取相应措施并向消防安全管理人报告。

5.5.5 发现火灾，及时报警，并组织人员疏散和初起火灾扑救。

5.6 消防控制室值班员的职责

5.6.1 应持证上岗，熟悉和掌握消防控制室设备的功能及操作规程，按照规定和规程测试自动消防设施的功能，保证消防控制室的设备正常运行。

5.6.2 对火警信号，应按照7.6.16规定的消防控制室接警处警程序处置。

5.6.3 对故障报警信号应及时确认，并及时查明原因，排除故障；不能排除的，应立即向部门主管人员或消防安全管理人报告。

5.6.4 应严格执行每日24小时专人值班制度，每班不应少于2人，做好消防控制室的火警、故障记录和值班记录。

5.7 消防设施操作员的职责

5.7.1 熟悉和掌握消防设施的功能和操作规程。

5.7.2 按照制度和规程对消防设施进行检查、维护和保养，保证消防设施和消防电源处于正常运行状态，确保有关阀门处于正确状态。

5.7.3 发现故障，应及时排除；不能排除的，应及时向上级主管人员报告。

5.7.4 做好消防设施运行、操作、故障和维护保养记录。

5.8 保安人员的职责

5.8.1 按照消防安全管理制度进行防火巡查，并做好记录；发现问题，应及时向主管人员报告。

5.8.2 发现火情，应及时报火警并报告主管人员，实施灭火和应急疏散预案，协助灭火救援。

5.8.3 劝阻和制止违反消防法律法规和消防安全管理制度的行为。

5.9 电气焊工、易燃易爆危险品管理及操作人员的职责

5.9.1 执行有关消防安全制度和操作规程，履行作业前审批手续。

5.9.2 落实相应作业现场的消防安全防护措施。

5.9.3 发生火灾后，应立即报火警，实施扑救。

5.10 专职消防队、志愿消防队队员的职责

5.10.1 熟悉单位基本情况、灭火和应急疏散预案、消防安全重点部位及消防设施、器材设置情况。

5.10.2 参加消防业务培训及消防演练，掌握消防设施及器材的操作使用方法。

5.10.3 专职消防队定期开展灭火救援技能训练，能够24小时备勤。

5.10.4 志愿消防队能在接到火警出动信息后迅速集结、参加灭火救援。

5.11 员工的职责

5.11.1 主动接受消防安全宣传教育培训，遵守消防安全管理制度和操作规程。

5.11.2 熟悉本工作场所消防设施、器材及安全出口的位置，参加单位灭火和应急疏散预案演练。

5.11.3 清楚本单位火灾危险性，会报火警、会扑救初起火灾、会组织疏散逃生和自救。

5.11.4 每日到岗后及下班前应检查本岗位工作设施、设备、场地、电源插座、电气设备的使用状态等，发现隐患及时处置并向消防安全工作归口管理部门报告。

5.11.5 监督其他人员遵守消防安全管理制度，制止吸烟、使用大功率电器等不利于消防安全的行为。

6 消防组织

6.1 人员密集场所可根据需要设置消防安全主管部门负责管理本场所的日常消防安全工作。

6.2 人员密集场所应根据有关法律法规和实际需要建立专职消防队。

6.3 人员密集场所应根据需要建立志愿消防队，志愿消防队员的数量不应少于本场所从业人员数量的30%。志愿消防队白天和夜间的值班人数应能保证扑救初起火灾的需要。

6.4 属于消防安全重点单位的人员密集场所，应依托志愿消防队建立微型消防站。

7 消防安全制度和管理

7.1 通用要求

7.1.1 公众聚集场所投入使用、营业前，应依法向消防救援机构申请消防安全检查，并经消防救援机构许可同意。人员密集场所改建、扩建、装修或改变用途的，应依法报经相关部门审核批准。

7.1.2　建筑四周不应搭建违章建筑，不应占用防火间距、消防车道、消防车登高操作场地，不应遮挡室外消火栓或消防水泵接合器，不应设置影响逃生、灭火救援或遮挡排烟窗、消防救援口的架空管线、广告牌等障碍物。

7.1.3　人员密集场所不应擅自改变防火分区，不应擅自停用、改变防火分隔设施和消防设施，不应降低建筑装修材料的燃烧性能等级。建筑的内部装修不应改变疏散门的开启方向，减少安全出口、疏散出口的数量和宽度，增加疏散距离，影响安全疏散。建筑内部装修不应影响消防设施的正常使用。

7.1.4　人员密集场所应在公共部位的明显位置设置疏散示意图、警示标识等，提示公众对该场所存在的下列违法行为有投诉、举报的义务：

a）使用、营业期间锁闭疏散门；

b）封堵、占用疏散通道或消防车道；

c）使用、营业期间违规进行电焊、气焊等动火作业；

d）疏散指示标志损坏、不准确或不清楚；

e）停用消防设施、消防设施未保持完好有效；

f）违规储存使用易燃易爆危险品。

7.2　消防安全例会

7.2.1　人员密集场所应建立消防安全例会制度，处理涉及消防安全的重大问题，研究、部署、落实本场所的消防安全工作计划和措施。

7.2.2　消防安全例会应由消防安全责任人主持，消防安全管理人提出议程，有关人员参加，并应形成会议纪要或决议，每月不宜少于一次。

7.3　防火巡查、检查

7.3.1　人员密集场所应建立防火巡查、防火检查制度，确定巡查、检查的人员、内容、部位和频次。

7.3.2　防火巡查、检查中，应及时纠正违法、违常行为，消除火灾隐患；无法消除的，应立即报告，并记录存档。防火巡查、检查时，应填写巡查、检查记录，巡查和检查人员及其主管人员应在记录上签名。巡查记录表应包括部位、时间、人员和存在的问题,参见附录A。检查记录表应包括部位、时间、人员、巡查情况、火灾隐患整改情况和存在的问题,参见附录B。

7.3.3 防火巡查时发现火灾,应立即报火警并启动单位灭火和应急疏散预案。

7.3.4 人员密集场所应每日进行防火巡查,并结合实际组织开展夜间防火巡查。防火巡查宜采用电子巡更设备。

7.3.5 公众聚集场所在营业期间,应至少每2h巡查一次。宾馆、医院、养老院及寄宿制的学校、托儿所和幼儿园,应组织每日夜间防火巡查,且应至少每2h巡查一次。商场、公共娱乐场所营业结束后,应切断非必要用电设备电源,检查并消除遗留火种。

7.3.6 防火巡查应包括下列内容:

a)用火、用电有无违章情况;

b)安全出口、疏散通道是否畅通,有无锁闭;安全疏散指示标志、应急照明是否完好;

c)常闭式防火门是否保持常闭状态,防火卷帘下是否有影响防火卷帘正常使用的物品;

d)消防设施、器材是否在位、完好有效。消防安全标志是否标识正确、清楚;

e)消防安全重点部位的人员在岗情况;

f)消防车道是否畅通;

g)其他消防安全情况。

7.3.7 人员密集场所应至少每月开展一次防火检查,检查的内容应包括:

a)消防车道、消防车登高操作场地、室外消火栓、消防水源情况;

b)安全疏散通道、楼梯,安全出口及其疏散指示标志、应急照明情况;

c)消防安全标志的设置情况;

d)灭火器材配置及完好情况;

e)楼板、防火墙、防火隔墙和竖井孔洞的封堵情况;

f）建筑消防设施运行情况；

g）消防控制室值班情况、消防控制设备运行情况和记录情况；

h）微型消防站人员值班值守情况，器材、装备设备完备情况；

i）用火、用电、用油、用气有无违规、违章情况；

j）消防安全重点部位的管理情况；

k）防火巡查落实情况和记录情况；

l）火灾隐患的整改以及防范措施的落实情况；

m）消防安全重点部位人员以及其他员工消防知识的掌握情况。

7.4 消防宣传与培训

7.4.1 人员密集场所应通过多种形式开展经常性的消防安全宣传与培训。

7.4.2 对公众开放的人员密集场所，应通过张贴图画、发放消防刊物、播放视频、举办消防文化活动等多种形式对公众宣传防火、灭火、应急逃生等常识。

7.4.3 学校、幼儿园等教育机构应将消防知识纳入教育、教学、培训的内容，落实教材、课时、师资、场地等，组织开展多种形式的消防教育活动。

7.4.4 人员密集场所应至少每半年组织一次对每名员工的消防培训，对新上岗人员应进行上岗前的消防培训。

7.4.5 消防培训应包括下列内容：

a）有关消防法律法规、消防安全管理制度、保障消防安全的操作规程等；

b）本单位、本岗位的火灾危险性和防火措施；

c）建筑消防设施、灭火器材的性能、使用方法和操作规程；

d）报火警、扑救初起火灾、应急疏散和自救逃生的知识、技能；

e）本场所的安全疏散路线，引导人员疏散的程序和方法等；

f）灭火和应急疏散预案的内容、操作程序；

g）其他消防安全宣传教育内容。

7.5 安全疏散设施管理

7.5.1 人员密集场所应建立安全疏散设施管理制度，明确安全疏散设施管理的责任部门、责任人和安全疏散设施的检查内容、要求。

　　注：安全疏散设施包括疏散门、疏散走道、疏散楼梯、消防应急照明、疏散指示标志等设施，以及消防过滤式自救呼吸器、逃生缓降器等安全疏散辅助器材。

　　7.5.2　安全疏散设施管理应符合下列要求：

　　a）确保疏散通道、安全出口和疏散门的畅通，禁止占用、堵塞、封闭疏散通道和楼梯间；

　　b）人员密集场所在使用和营业期间，不应锁闭疏散出口、安全出口的门，或采取火灾时不需使用钥匙等任何工具即能从内部易于打开的措施，并应在明显位置设置含有使用提示的标识；

　　c）避难层（间）、避难走道不应挪作他用，封闭楼梯间、防烟楼梯间及其前室的门应保持完好，门上明显位置应设置提示正确启闭状态的标识；

　　d）应保持常闭式防火门处于关闭状态，常开防火门应能在火灾时自行关闭，并应具有信号反馈的功能；

　　e）安全出口、疏散门不得设置门槛或其他影响疏散的障碍物，且在其1.4m范围内不应设置台阶；

　　f）疏散应急照明、疏散指示标志应完好、有效；发生损坏时，应及时维修、更换；

　　g）消防安全标志应完好、清晰，不应被遮挡；

　　h）安全出口、公共疏散走道上不应安装栅栏；

　　i）建筑每层外墙的窗口、阳台等部位不应设置影响逃生和灭火救援的栅栏，确需设置时，应能从内部易于开启；

　　j）在宾馆、商场、医院、公共娱乐场所等场所各楼层的明显位置应设置安全疏散指示图，疏散指示图上应标明疏散路线、安全出口和疏散门、人员所在位置和必要的文字说明；

　　k）在宾馆、商场、医院、公共娱乐场所等场所各楼层的明显位置应设置疏散引导箱，配备过滤式消防自救呼吸器、瓶装水、毛巾、救援哨、发光指挥棒、疏散用手电筒等安全疏散辅助器材。

7.5.3 举办展览、展销、演出等大型群众性活动前，应事先根据场所的疏散能力核定容纳人数。活动期间，应采取防止超员的措施控制人数。

7.6 消防设施管理

7.6.1 人员密集场所应建立消防设施管理制度，其内容应明确消防设施管理的责任部门和责任人、消防设施的检查内容和要求、消防设施定期维护保养的要求。

> **注**：消防设施包括室内外消火栓、自动灭火系统、火灾自动报警系统和防排烟系统等设施。

7.6.2 人员密集场所应使用合格的消防产品，建立消防设施、器材的档案资料，记明配置类型、数量、设置部位、检查及维修单位（人员）、更换药剂时间等有关情况。

7.6.3 建筑消防设施投入使用后，应保证其处于正常运行或准工作状态，不得擅自断电停运或长期带故障运行。需要维修时，应采取相应的防范措施；维修完成后，应立即恢复到正常运行状态。

7.6.4 人员密集场所应定期对建筑消防设施、器材进行巡查、单项检查、联动检查，做好维护保养。

7.6.5 属于消防安全重点单位的人员密集场所，每日应进行一次建筑消防设施、器材巡查；其他单位，每周应至少进行一次。建筑消防设施巡查，应明确各类建筑消防设施、器材的巡查部位和内容。

7.6.6 建筑消防设施的电源开关、管道阀门，均应指示正常运行位置，并正确标识开/关的状态；对需要保持常开或常闭状态的阀门，应采取铅封、标识等限位措施。

7.6.7 设置建筑消防设施的人员密集场所，每年应至少进行一次建筑消防设施联动检查，每月应至少进行一次建筑消防设施单项检查。

7.6.8 人员密集场所应建立建筑消防设施、器材故障报告和故障消除的登记制度。发生故障后，应及时组织修复。因故障、维修等原因，需要暂时停用系统的，应当严格履行内部审批程序，采取确保安全的有效措施，并在建筑入口等明显位置公告。

7.6.9 消防设施的维护、管理还应符合下列要求。

a）消火栓应有明显标识。

b）室内消火栓箱不应上锁，箱内设备应齐全、完好，其正面至疏散通道处，不得设置影响消火栓正常使用的障碍物。

c）室外消火栓不应埋压、圈占；距室外消火栓、水泵接合器2.0m范围内不得设置影响其正常使用的障碍物。

d）展品、商品、货柜，广告箱牌，生产设备等的设置不得影响防火门、防火卷帘、室内消火栓、灭火剂喷头、机械排烟口和送风口、自然排烟窗、火灾探测器、手动火灾报警按钮、声光报警装置等消防设施的正常使用。

e）确保消防设施和消防电源始终处于正常运行状态；确保消防水池、气压水罐或高位消防水箱等消防储水设施水量符合规定要求；确保消防水泵出水管阀门、自动喷水灭火系统管道上的阀门常开；确保消防水泵、防排烟风机、防火卷帘等消防用电设备的配电柜、控制柜开关处于接通和自动位置。需要维修时，应采取相应的措施，维修完成后，应立即恢复到正常运行状态。

f）对自动消防设施应每年进行全面检查测试，并出具检测报告。当事人在订立相关委托合同时，应依照有关规定明确各方关于消防设施维护和检查的责任。

7.6.10 消防控制室管理应明确值班人员的职责，制定并落实24小时值班制度（每班不应少于2人）和交接班的程序、要求以及设备自检、巡检的程序、要求。值班人员应持证上岗。

7.6.11 消防控制室内不得堆放杂物，应保证其环境满足设备正常运行的要求，应具备各楼层消防设施平面布置图，完整的消防设施设计、施工和验收资料，灭火和应急疏散预案等。

7.6.12 严禁对消防控制室报警控制设备的喇叭，蜂鸣器等声光报警器件进行遮蔽、堵塞、断线、旁路等操作，保证警示器件处于正常工作状态。

7.6.13 严禁将消防控制室的消防电话、消防应急广播、消防记录打印机等设备挪作他用。消防图形显示装置中专用于报警显示的计算机，严禁安装游戏、办公等其他无关软件。

7.6.14 在消防控制室内，应置备一定数量的灭火器、消防过滤式自救呼吸器、空气呼吸器、手持扩音器、手电筒、对讲机、消防梯、消防斧、辅助逃生装置等消防紧急备用物品、工具仪表。

7.6.15 在消防控制室内，应置备有关消防设备用房，通往屋顶和地下室等消防设施的通道门锁钥匙、防火卷帘按钮钥匙、手动报警按钮恢复钥匙等，并分类标志悬挂；置备有关消防电源、控制箱（柜）、开关专用钥匙及手提插孔消防电话、安全工作帽等消防专用工具、器材。

7.6.16 消防控制室接到火灾警报后，消防控制室值班人员应立即以最快方式进行确认。确认发生火灾后，应立即确认火灾报警联动控制开关处于自动状态，拨打"119"电话报警，同时向消防安全责任人或消防安全管理人报告，启动单位内部灭火和应急疏散预案。

7.6.17 消防控制室的值班人员应每两小时记录一次值班情况，值班记录应完整、字迹清晰，保存完好。

7.6.18 设置火灾自动报警系统、消防给水及消火栓系统或自动喷水灭火系统等建筑消防设施的人员密集场所，宜与城市消防远程监控系统联网，传输火灾报警和建筑消防设施运行状态信息。

7.7 火灾隐患整改

7.7.1 人员密集场所应建立火灾隐患整改制度，明确火灾隐患整改责任部门和责任人、整改的程序、时限和所需经费来源、保障措施。

7.7.2 发现火灾隐患，应立即改正；不能立即改正的，应报告上级主管人员。

7.7.3 消防安全管理人或部门消防安全责任人应组织对报告的火灾隐患进行认定，并对整改情况进行确认。

7.7.4　在火灾隐患整改期间，应采取相应的安全保障措施。

7.7.5　对消防救援机构责令限期改正的火灾隐患和重大火灾隐患，应在规定的期限内改正，并将火灾隐患整改情况报送至消防救援机构。

7.7.6　重大火灾隐患不能按期完成整改的，应自行将危险部位停产、停业整改。

7.7.7　对于涉及城市规划布局而不能及时解决的重大火灾隐患，应提出解决方案并及时向其上级主管部门或当地人民政府报告。

7.8　用电防火安全管理

7.8.1　人员密集场所应建立用电防火安全管理制度，明确用电防火安全管理的责任部门和责任人，并应包括下列内容：

a）电气设备的采购要求；

b）电气设备的安全使用要求；

c）电气设备的检查内容和要求；

d）电气设备操作人员的资格要求。

7.8.2　用电防火安全管理应符合下列要求：

a）采购电气、电热设备，应选用合格产品，并应符合有关安全标准的要求；

b）更换或新增电气设备时，应根据实际负荷重新校核、布置电气线路并设置保护措施；

c）电气线路敷设、电气设备安装和维修应由具备职业资格的电工进行，留存施工图纸或线路改造记录；

d）不得随意乱接电线，擅自增加用电设备；

e）靠近可燃物的电器，应采取隔热、散热等防火保护措施；

f）人员密集场所内严禁电动自行车停放、充电；

g）应定期进行防雷检测；应定期检查、检测电气线路、设备，严禁长时间超负荷运行；

h）电气线路发生故障时，应及时检查维修，排除故障后方可继续使用；

i）商场、餐饮场所、公共娱乐场所营业结束时，应切断营业场所内的非必要电源；

j）涉及重大活动临时增加用电负荷时，应委托专业机构进行用电安全检测，检测报告应存档备查。

7.9　用火、动火安全管理

7.9.1　人员密集场所应建立用火、动火安全管理制度，并应明确用火、动火管理的责任部门和责任人，用火、动火的审批范围、程序和要求等内容。动火审批应经消防安全责任人签字同意方可进行。

7.9.2　用火、动火安全管理应符合下列要求：

a）人员密集场所禁止在营业时间进行动火作业；

b）需要动火作业的区域，应与使用、营业区域进行防火分隔，严格将动火作业限制在防火分隔区域内，并加强消防安全现场监管；

c）电气焊等明火作业前，实施动火的部门和人员应按照制度规定办理动火审批手续，清除可燃、易燃物品，配置灭火器材，落实现场监护人和安全措施，在确认无火灾、爆炸危险后方可动火作业；

d）人员密集场所不应使用明火照明或取暖，如特殊情况需要时，应有专人看护；

e）炉火、烟道等取暖设施与可燃物之间应采取防火隔热措施；

f）宾馆、餐饮场所、医院、学校的厨房烟道应至少每季度清洗一次；

g）进入建筑内以及厨房、锅炉房等部位内的燃油、燃气管道，应经常检查、检测和保养。

7.10　易燃、易爆化学物品管理

7.10.1　人员密集场所严禁生产或储存易燃、易爆化学物品。

7.10.2　人员密集场所应明确易燃、易爆化学物品使用管理的责任部门和责任人。

7.10.3　人员密集场所需要使用易燃、易爆化学物品时，应根据需求限量使用，存储量不应超过一天的使用量，并应在不使用时予以及时清除，

且应由专人管理、登记。

7.11 消防安全重点部位管理

7.11.1 消防安全重点部位应建立岗位消防安全责任制，并明确消防安全管理的责任部门和责任人。

7.11.2 人员集中的厅（室）以及建筑内的消防控制室、消防水泵房、储油间、变配电室、锅炉房、厨房、空调机房、资料库、可燃物品仓库和化学实验室等，应确定为消防安全重点部位，在明显位置张贴标识，严格管理。

7.11.3 应根据实际需要配备相应的灭火器材、装备和个人防护器材。

7.11.4 应制定和完善事故应急处置操作程序。

7.11.5 应列入防火巡查范围，作为定期检查的重点。

7.12 消防档案

7.12.1 应建立消防档案管理制度，其内容应明确消防档案管理的责任部门和责任人，消防档案的制作、使用、更新及销毁的要求。消防档案应存放在消防控制室或值班室等，留档备查。

7.12.2 消防档案管理应符合下列要求：

a）按照有关规定建立纸质消防档案，并宜同时建立电子档案；

b）消防档案应包括消防安全基本情况、消防安全管理情况、灭火和应急疏散预案演练情况；

c）消防档案的内容应全面反映消防工作的基本情况，并附有必要的图纸、图表；

d）消防档案应由专人统一管理，按档案管理要求装订成册。

7.12.3 消防安全基本情况应包括下列内容：

a）建筑的基本概况和消防安全重点部位；

b）所在建筑消防设计审查、消防验收或消防设计、消防验收备案以及场所投入使用、营业前消防安全检查的相关资料；

c）消防组织和各级消防安全责任人；

d）微型消防站设置及人员、消防装备配备情况；

e）相关租赁合同；

f）消防安全管理制度和保证消防安全的操作规程，灭火和应急疏散预案；

g）消防设施、灭火器材配置情况；

h）专职消防队、志愿消防队人员及其消防装备配备情况；

i）消防安全管理人、自动消防设施操作人员、电气焊工、电工、易燃易爆危险品操作人员的基本情况；

j）新增消防产品质量合格证，新增建筑材料和室内装修、装饰材料的防火性能证明文件。

7.12.4 消防安全管理情况应包括下列内容：

a）消防安全例会记录或会议纪要、决定；

b）消防救援机构填发的各种法律文书；

c）消防设施定期检查记录、自动消防设施全面检查测试的报告、维修保养的记录以及委托检测和维修保养的合同；

d）火灾隐患、重大火灾隐患及其整改情况记录；

e）消防控制室值班记录；

f）防火检查、巡查记录；

g）有关燃气、电气设备检测、动火审批等记录资料；

h）消防安全培训记录；

i）灭火和应急疏散预案的演练记录；

j）各级和各部门消防安全责任人的消防安全承诺书；

k）火灾情况记录；

l）消防奖惩情况记录。

8 消防安全措施

8.1 通用要求

8.1.1 人员密集场所不应与甲、乙类厂房、仓库组合布置或贴邻布置；除人员密集的生产加工车间外，人员密集场所不应与丙、丁、戊类厂房、仓库组合布置；人员密集的生产加工车间不宜布置在丙、丁、戊类厂房、仓库的上部。

8.1.2 人员密集场所设置在具有多种用途的建筑内时，应至少采用耐火极限不低于1.00h的楼板和2.00h的隔墙与其他部位隔开，并应满足各自不同营业时间对安全疏散的要求。人员密集场所采用金属夹芯板材搭建临时构筑物时，其芯材应为A级不燃材料。

8.1.3 生产、储存、经营场所与员工集体宿舍设置在同一建筑物中的，应符合国家工程建设消防技术标准和XF 703的要求，实行防火分隔，设置独立的疏散通道、安全出口。

8.1.4 设置人员密集场所的建筑，其疏散楼梯宜通至屋面，并宜在屋面设置辅助疏散设施。

8.1.5 建筑面积大于400m²的营业厅、展览厅等场所内的疏散指示标志，应保证其指向最近的疏散出口，并使人员在走道上任何位置保持视觉连续。

8.1.6 除国家标准规定应安装自动喷水灭火系统的人员密集场所之外，其他人员密集场所需要设置自动喷水灭火系统时，可按GB 50084的规定设置自动喷水灭火局部应用系统。

8.1.7 除国家标准规定应安装火灾自动报警系统的人员密集场所之外，其他人员密集场所需要设置火灾自动报警系统时，可设置独立式火灾探测报警器，独立式火灾探测报警器宜具备无线联网和远程监控功能。

8.1.8 需要经常保持开启状态的防火门，应采用常开式防火门，设置自动和手动关闭装置，并保证其火灾时能自动关闭。

8.1.9 人员密集场所平时需要控制人员随意出入的安全出口、疏散门或设置门禁系统的疏散门，应保证火灾时能从内部直接向外推开，并应在门上设置"紧急出口"标识和使用提示。可以根据实际需要选用以下方法或其他等效的方法：

a）设置安全控制与报警逃生门锁系统，其报警延迟时间不应超过15s；

b）设置能远程控制和现场手动开启的电磁门锁装置；当设置火灾自动

报警系统时，应与系统联动；

c）设置推闩式外开门。

8.1.10 人员密集场所内的装饰材料，如窗帘、地毯、家具等的燃烧性能应符合 GB 50222 的规定。

8.1.11 人员密集场所可能泄漏散发可燃气体或蒸气的场所，应设置可燃气体检测报警装置。

8.1.12 人员密集场所内燃油、燃气设备的供油、供气管道应采用金属管道，在进入建筑物前和设备间内的管道上均应设置手动和自动切断装置。

8.2 宾馆

8.2.1 宾馆前台和大厅配置对讲机、喊话器、扩音器、应急手电筒、消防过滤式自救呼吸器等器材。

8.2.2 高层宾馆的客房内应配备应急手电筒、消防过滤式自救呼吸器等逃生器材及使用说明，其他宾馆的客房内宜配备应急手电筒、消防过滤式自救呼吸器等逃生器材及使用说明，并应放置在醒目位置或设置明显的标志。应急手电筒和消防过滤式自救呼吸器的有效使用时间不应小于 30min。

8.2.3 客房内应设置醒目、耐久的"请勿卧床吸烟"提示牌和楼层安全疏散及客房所在位置示意图。

8.2.4 客房层应按照有关建筑消防逃生器材及配备标准设置辅助逃生器材，并应有明显的标志。

8.3 商场

8.3.1 商场、市场建筑之间不应设置连接顶棚；当必须设置时，应符合下列要求：

a）消防车通道上部严禁设置连接顶棚；

b）顶棚所连接的建筑总占地面积不应超过 2500m²；

c）顶棚下面不应设置摊位，放置可燃物；

d）顶棚材料的燃烧性能不应低于 GB 50222 规定的 B_1 级；

e）顶棚四周应敞开，其高度应高出建筑檐口或女儿墙顶 1.0m 以上，其自然排烟口面积不应低于顶棚地面正投影面积的25%。

8.3.2　设置于商场内的库房应采用耐火极限不低于3.00h的隔墙与营业、办公部分完全分隔，通向营业厅的开口应设置甲级防火门。

8.3.3　商场内的柜台和货架应合理布置，营业厅内的疏散通道设置应符合JGJ 48的规定，并应符合下列要求：

a）营业厅内主要疏散通道应直通安全出口；

b）营业厅内通道的最小净宽度应符合JGJ 48的相关规定；

c）疏散通道及疏散走道的地面上应设置保持视觉连续的疏散指示标志；

d）营业厅内任一点至最近安全出口或疏散门的直线距离不宜大于30m，且行走距离不应大于45m。

8.3.4　营业厅内的疏散指示标志设置应符合下列要求：

a）应在疏散通道转弯和交叉部位两侧的墙面、柱面距地面高度1.0m以下设置灯光疏散指示标志；有困难时，可设置在疏散通道上方2.2m~3.0m处；疏散指示标志的间距不应大于20m；

b）灯光疏散指示标志的规格不应小于0.5m×0.25m；

c）总建筑面积大于5000m²的商场或建筑面积大于500m²的地下或半地下商店，疏散通道的地面上应设置视觉连续的灯光或蓄光疏散指示标志；其他商场，宜设置灯光或蓄光疏散指示标志。

8.3.5　营业厅的安全疏散路线不应穿越仓库、办公室等功能性用房。

8.3.6　营业厅内食品加工区的明火部位应靠外墙布置，并应采用耐火极限不低于2.00h的隔墙、乙级防火门与其他部位分隔。敞开式的食品加工区，应采用电加热器具，严禁使用可燃气体、液体燃料。

8.3.7　防火卷帘门两侧各0.3m范围内不得放置物品，并应用黄色标识线划定范围。

8.3.8　设置在商场、市场内的中庭不应设置固定摊位，放置可燃物等。

8.4　公共娱乐场所

8.4.1　公共娱乐场所的每层外墙上应设置外窗（含阳台），间隔不应大于20.0m。每个外窗的面积不应小于1.0m²，且其短边不应小于1.0m，窗口下沿距室内地坪不应大于1.2m。

8.4.2 使用人数超过20人的厅、室内应设置净宽度不小于1.1m的疏散通道，活动座椅应采用固定措施。

8.4.3 疏散门或疏散通道上、疏散走道及其尽端墙面上、疏散楼梯，不应镶嵌玻璃镜面等影响人员安全疏散行动的装饰物。疏散走道上空不应悬挂装饰物、促销广告等可燃物或遮挡物。

8.4.4 休息厅、录像放映、卡拉OK及其包房内应设置声音或视频警报，保证在发生火灾时能立即将其画面、音响切换到应急广播和应急疏散指示状态。

8.4.5 各种灯具距离窗帘、幕布、布景等可燃物不应小于0.50m。

8.4.6 场所内严禁使用明火进行表演或燃放各类烟花。

8.4.7 营业时间内和营业结束后，应指定专人进行消防安全检查，清除烟蒂等遗留火种，关闭电源。

8.5 学校

8.5.1 图书馆、教学楼、实验楼和集体宿舍的疏散走道不应设置弹簧门、旋转门、推拉门等影响安全疏散的门。疏散走道、疏散楼梯间不应设置卷帘门、栅栏等影响安全疏散的设施。

8.5.2 集体宿舍值班室应配置灭火器、喊话器、消防过滤式自救呼吸器、对讲机等消防器材。

8.5.3 集体宿舍严禁使用蜡烛、酒精炉、煤油炉等明火器具；使用蚊香等物品时，应采取保护措施或与可燃物保持一定的距离。

8.5.4 宿舍内不应卧床吸烟和乱扔烟蒂。

8.5.5 建筑内设置的垃圾桶（箱）应采用不燃材料制作，并设置在周围无可燃物的位置。

8.5.6 宿舍内严禁私自接拉电线，严禁使用电炉、电取暖、热得快等大功率电器设备，每间集体宿舍均应设置用电过载保护装置。

8.5.7 集体宿舍应设置醒目的消防安全标志。

8.6 医院的门诊楼、病房楼，老年人照料设施、托儿所、幼儿园及儿童活动场所

8.6.1 严禁违规储存、使用易燃易爆危险品，严禁吸烟和违规使用明火。

8.6.2 严禁私拉乱接电气线路、超负荷用电，严禁使用非医疗、护理、保教保育用途大功率电器。

8.6.3 门诊楼、病房楼的公共区域以及病房内的明显位置应设置安全疏散指示图，指示图上应标明疏散路线、疏散方向、安全出口位置及人员所在位置和必要的文字说明。

8.6.4 病房楼内的公共部位不应放置床位和留置过夜，不得放置可燃物和设置影响人员安全疏散的障碍物。

8.6.5 病房内氧气瓶应及时更换，不应积存。采用管道供氧时，应经常检查氧气管道的接口、面罩等，发现漏气应及时修复或更换。

8.6.6 病房楼内的氧气干管上应设置手动紧急切断气源的装置。供氧、用氧设备及其检修工具不应沾染油污。

8.6.7 重症监护室应自成一个相对独立的防火分区，通向该区的门应采用甲级防火门。

8.6.8 病房、重症监护室宜设置开敞式的阳台或凹廊。

8.6.9 护士站内存放的酒精、乙酸等易燃、易爆危险物品应由专人负责，专柜存放，并应存放在阴凉通风处，远离热源、避免阳光直射。

8.6.10 老年人照料设施、托儿所、幼儿园及儿童活动场所的厨房、烧水间应单独设置或采用耐火极限不低于2.00h的防火隔墙与其他部位分隔，墙上的门、窗应采用乙防火门、窗。

8.7 体育场馆、展览馆、博物馆的展览厅等场所

8.7.1 举办活动时，应制订相应的消防应急预案，明确消防安全责任人；大型演出或比赛等活动期间，配电房、控制室等部位应安排专人值

守。活动现场应配备齐全消防设施，并有专人操作。

8.7.2　场馆内的灯光疏散指示标志的规格不应小于0.85m×0.30m。

8.7.3　需要搭建临时建筑时，应采用燃烧性能不低于B₁级的材料。临时建筑与周围建筑的间距不应小于6.0m。临时建筑应根据活动人数满足安全出口数量、宽度及疏散距离等安全疏散要求，配备相应消防器材，有条件的可设置临时消防设施。

8.7.4　展厅等场所内的主要疏散通道应直通安全出口，其宽度不应小于5.0m，其他疏散通道的宽度不应小于3.0m。疏散通道的地面应设置明显标识。

8.7.5　布展时，不应进行电气焊等动火作业；必须进行动火作业时，动火现场应安排专人监护并采取相应的防护措施。

8.7.6　展览馆内设置的餐饮区域，应相对独立，不应使用明火。

8.8　人员密集的生产加工车间、员工集体宿舍

8.8.1　生产车间内应保持疏散通道畅通，通向疏散出口的主要疏散通道的宽度不应小于2.0m，其他疏散通道的宽度不应小于1.5m，且地面上应设置明显的标示线。

8.8.2　车间内中间仓库的储量不应超过一昼夜的使用量。生产过程中的原料、半成品、成品，应按火灾危险性分类集中存放，机电设备周围0.5m范围内不得放置可燃物。消防设施周围，不得设置影响其正常使用的障碍物。

8.8.3　生产加工中使用电熨斗等电加热器具时，应固定使用地点，并采取可靠的防火措施。

8.8.4　应按操作规程定时清除电气设备及通风管道上的可燃粉尘、飞絮。

8.8.5　不应在生产加工车间、员工集体宿舍内擅自拉接电气线路、设置炉灶。员工集体宿舍应符合下列要求：

a）人均使用面积不应小于4.0m²；

b）宿舍内的床铺不应超过2层；

c）每间宿舍的使用人数不应超过12人；

d）房间隔墙的耐火极限不应低于1.00h，且应砌至梁、板底；

e）内部装修应采用燃烧性能不低于B$_1$级的材料。

9 灭火和应急疏散预案编制和演练

9.1 预案

9.1.1 人员密集场所应根据人员集中、火灾危险性较大和重点部位的实际情况，按照GB/T 38315制订有针对性的灭火和应急疏散预案。

9.1.2 预案内容应包括下列内容：

a）单位的基本情况，火灾危险分析；

b）火灾现场通信联络、灭火、疏散、救护、保卫等应由专门机构或专人负责，并明确各职能小组的负责人、组成人员及各自职责；

c）火警处置程序；

d）应急疏散的组织程序和措施；

e）扑救初起火灾的程序和措施；

f）通信联络、安全防护和人员救护的组织与调度程序、保障措施。

9.2 组织机构

9.2.1 人员密集场所应成立由消防安全责任人或消防安全管理人负责的火灾事故应急指挥机构，担负消防救援队到达之前的灭火和应急疏散指挥职责。

9.2.2 人员密集场所应成立由当班的消防安全管理人、部门主管人员、消防控制室值班人员、保安人员、志愿消防队员及其他在岗的从业人员组成的职能小组，接受火灾事故应急指挥机构的指挥，承担灭火和应急疏散各项职责。职能小组设置和职责分工如下：

a）通信联络组：负责与消防安全责任人和当地消防救援机构之间的通信和联络；

b）灭火行动组：发生火灾，立即利用消防器材、设施就地扑救火灾；

c）疏散引导组：负责引导人员正确疏散、逃生；

d）防护救护组：协助抢救、护送伤员；阻止与场所无关人员进入现场，保护火灾现场，协助消防救援机构开展火灾调查；

e）后勤保障组：负责抢险物资、器材器具的供应及后勤保障。

9.3 预案实施程序

确认发生火灾后，应立即启动灭火和应急疏散预案，并同时开展下列工作：

——向消防救援机构报火警；

——各职能小组执行预案中的相应职责；

——组织和引导人员疏散，营救被困人员；

——使用消火栓等消防器材、设施扑救初起火灾；

——派专人接应消防车辆到达火灾现场；

——保护火灾现场，维护现场秩序。

9.4 预案的宣贯和完善

9.4.1 人员密集场所应定期组织员工和承担有灭火、疏散等职责分工的相关人员熟悉灭火和应急疏散预案，并通过预案演练，逐步修改完善。遇人员变动或其他情况，应及时修订单位灭火和应急疏散预案。

9.4.2 大型多功能公共建筑、地铁和建筑高度大于100m的公共建筑等，应根据需要邀请有关专家对灭火和应急疏散预案进行评估、论证。

9.5 消防演练

9.5.1 目的

9.5.1.1 检验各级消防安全责任人，各职能组和有关工作人员对灭火和应急疏散预案内容、职责的熟悉程度。

9.5.1.2 检验人员安全疏散、初起火灾扑救、消防设施使用等情况。

9.5.1.3 检验在紧急情况下的组织、指挥、通信、救护等方面的能力。

9.5.1.4 检验灭火应急疏散预案的实用性和可操作性。

9.5.2 组织

9.5.2.1 宾馆、商场、公共娱乐场所，应至少每半年组织一次消防演练；其他场所，应至少每年组织一次。

9.5.2.2 选择人员集中、火灾危险性较大和重点部位作为消防演练的目标，每次演练应选择不同的重点部位作为消防演练目标，并根据实际情况，确定火灾模拟形式。

9.5.2.3 消防演练方案可报告当地消防救援机构，邀请其进行业务指导。

9.5.2.4 在消防演练前，应通知场所内的使用人员积极参与；消防演练时，应在建筑入口等明显位置设置"正在消防演练"的标志牌，避免引起公众慌乱。

9.5.2.5 消防演练开始后，各职能小组应按照计划实施灭火和应急疏散预案。

9.5.2.6 在模拟火灾演练中，应落实火源及烟气的控制措施，防止造成人员伤害。

9.5.2.7 大型多功能公共建筑、地铁和建筑高度大于100m的公共建筑等，应适时与当地消防救援队伍组织联合消防演练。

9.5.2.8 演练结束后，应及时进行总结，并做好记录。

10　火灾事故处置与善后

10.1 建筑发生火灾后，应立即启动灭火和应急疏散预案，组织建筑内人员立即疏散，并实施火灾扑救。

10.2 建筑发生火灾后，应保护火灾现场。消防救援机构划定的警戒线范围是火灾现场保护范围；尚未划定时，应将火灾过火范围以及与发生火灾有关的部位划定为火灾现场保护范围。

10.3 不应擅自进入火灾现场或移动火场中的任何物品。

10.4 未经消防救援机构同意，不应擅自清理火灾现场。

10.5 火灾事故相关人员应主动配合接受事故调查，如实提供火灾事故情况，如实申报火灾直接财产损失。

10.6 火灾调查结束后，应总结火灾事故教训，及时改进消防安全管理。

附 录 A

（资料性）

防火巡查记录表格

防火巡查记录表示例见表A.1。

表A.1 防火巡查记录表示例

巡查人员：

序号	部位*	时间	存在问题	备注
1				
2				
3				
4				
5				
6				
7				
8				
9				
10				

* 防火巡查至少包括下列内容：

a）用火、用电有无违章情况；

b）安全出口、疏散通道是否畅通，有无锁闭；安全疏散指示标志、应急照明是否完好；

c）常闭式防火门是否保持常闭状态，防火卷帘下是否堆放物品；

d）消防设施、器材是否在位、完整有效。消防安全标志是否完好清晰；

e）消防安全重点部位的人员在岗情况；

f）消防车通道是否畅通；

g）其他消防安全情况。

附 录 B

（资料性）

防火检查记录表格

防火检查记录表示例见表B.1。

表B.1 防火检查记录表示例

检查人员： 　　　　　　　　　　检查时间：

序号	部位*	存在问题	备注
1			
2			
3			
4			
检查情况			

*防火检查至少包括下列内容：
a）消防车通道、消防车登高操作场地、消防水源；
b）安全疏散通道、疏散走道、楼梯，安全出口及其疏散指示标志、应急照明；
c）消防安全标志的设置情况；
d）灭火器材配置及完好情况；
e）楼板、防火墙和竖井孔洞的封堵情况；
f）建筑消防设施运行情况；
g）消防控制室值班情况、消防控制设备运行情况和记录；
h）用火、用电有无违规违章情况；
i）消防安全重点部位的管理；
j）微型消防站设置、值班值守情况，以及人员、装备配置情况；
k）防火巡查落实情况和记录；
l）火灾隐患的整改以及防范措施的落实情况；
m）消防安全重点部位人员以及其他员工消防知识的掌握情况。